穴埋め式 統計数理

らくらくワークブック

藤田岳彦 監修
黒住英司 著

講談社サイエンティフィク

序文——手を動かしてみよう

　大学1，2年次で学ぶ数学は，「微分積分」，「線形代数」そして，経済・商学などの社会科学系では「確率」，「統計」である．

　数学は，大学の授業を聞いたり，教科書を漫然と読んでいるだけでは，なかなか身につかない．日本の場合，大学教育では，諸外国に比べて，演習の時間が少ないらしい．そこで，授業だけでなく，自習学習が必要になる．問題を解いて，自分が理解しているかどうかを確かめるというやり方が最もよいと思われる．

　ところが，それに気づいたとしても，何からはじめたらよいのかわからないかもしれないし，演習書を選ぶにしても，何を選び，どう手をつけていいのかわからないかもしれない．そこで，「とりあえず」と，はじめやすい問題集があるとよいのではないか．

　エンピツを持って，自分で手を動かし，書き込む．演習不足を補おうというものである．

　数学について，いくら理論を自分でわかったつもりになっていても，自分の手を動かすことができなければ，仕方がないし，意味がない．逆に，問題を見て，手を動かし，答えをあわせ，修正をするということを繰り返していけば，必ずわかってくるものであるとも言えるのだ．

　このようなコンセプトのもと，このたび，「微分積分」，「線形代数」，「確率・統計」「統計数理」のワークブックが企画された．

　作り手側としては，まず，「定義と公式（章によっては「手順」）」のところで，公式を理解し（場合によっては，授業などで使っている教科書や参考書で，その意味や意義，証明の復習を行い），「公式の使い方（例）」となっている例題を理解，本当に理解したかどうかを穴埋め式になっている「やってみましょう」で確かめて，さらに各章の練習問題に取り組んで，できるようになれば，十分にその科目を理解し，使いこなせるようになったと実感ができるはず…という意図をもって，各章をほぼこの構成で組み立てた．もちろん，本の読み方が読者の自由であるように，このワークブックも使い手の自由に使ってもらってかまわない．たとえば，全体をざっと見通すために，「公式の使い方（例）」「やってみましょう」だけを一通りやった後，自分の必要に応じた分だけ，練習問題をやるなど，やり方はいろいろあると思う．

　この「統計数理」のワークブックは，一橋大学経済学部1年生向けの授業「統計学入門」での題材をもとに，より広い読者の必要を満たすよう工夫しながら，構成されている．前半部分で記述統計，後半で確率数理統計と言われるものを扱っている．特に，既存の市販されている参考書・問題集では記述統計に関する問題が少ないことから，なるべく多くの記述統計の練習問題を取り入れたつもりである．

　実例やデータはなるべく計算が易しくなるよう，架空のものを作成し使用しているが，設問によっては計算機が必要になる場合もあると思う．その場合も，電卓があれば十分，計算できるよう工夫した．

また，このワークブックの内容は初等的な統計学で勉強する内容をほぼ全てカバーしているので，統計学全般の学習にはもちろん，大学の授業で理解できなかった内容，難しいと感じている内容を集中的に勉強することにも役立つだろう．

　このワークブックを通じて，統計学や統計学的な考え方になじみ，そのおもしろさを理解してもらえれば幸いである．

　2003年夏

藤田岳彦
黒住英司

目次

序文——手を動かしてみよう　　iii

1	データの中心を示す代表値1	1
2	データの中心を示す代表値2	5
3	データの広がりを示す代表値	13
4	度数分布表	17
5	ヒストグラム	25
6	ローレンツ曲線とジニ係数	31
7	2変数データの代表値	37
8	回帰直線	47
9	順列・組み合わせと確率	55
10	条件つき確率と乗法定理	59
11	確率変数と期待値	65
12	2項分布とポアソン分布	69
13	確率変数の標準化と正規分布	73
14	正規母集団からの標本分布	77
15	非正規母集団からの標本分布	83

16	平均値の区間推定	89
17	成功率の区間推定	93
18	分散の区間推定	97
19	平均値の検定（分散が既知の場合）	101
20	平均値の検定（分散が未知の場合）	109
21	平均値の差の検定	115
22	成功率の検定	121
23	成功率の差の検定	127
24	分散の検定	131
25	回帰モデルの推定・検定	137
26	発展問題1	145
27	発展問題2	153
28	発展問題3	159
数表1	標準正規分布	164
数表2	t 分布	165
数表3	χ^2 分布	166
索引		167

1 データの中心を示す代表値1

1変数データを整理する場合，データの中心を示す代表値を計算することがよくあります．ここでは，標本平均値，メジアン(中位数)，モード(最頻値)といった基本的な代表値の計算を練習します．

定義と公式

標本平均値

n 個の観測値を $x_1, x_2, \cdots, x_n$ とします．

$$標本平均値 = \frac{1}{n}\sum_{i=1}^{n} x_i$$

メジアン(中位数)

観測値を小さいものから大きいものへ並べ替えたものを $y_1, y_2, \cdots, y_n$ とします．

$$メジアン = \begin{cases} y_{\frac{n+1}{2}} & 観測個数 n が奇数の場合 \\ \frac{1}{2}(y_{\frac{n}{2}} + y_{\frac{n}{2}+1}) & 観測個数 n が偶数の場合 \end{cases}$$

モード(最頻値)

モードは，値が同じ観測値の数を数え，その数が最も多いものなので，

$$モード = 最も頻繁に現れた観測値の値$$

と定義されます．

公式の使い方(例)

9個の観測値 $\{2, 3, 5, 3, 5, 2, 6, 2, 2\}$ では，

$$平均値 = \frac{(2+3+5+3+5+2+6+2+2)}{9} = \frac{10}{3}$$

$$メジアン = 3$$
$$モード = 2$$

となります．

やってみましょう

① データが以下の 15 個の観測値からなるとします．

$$\{3, 2, 4, 5, 6, 1, 4, 1, 4, 4, 3, 4, 5, 6, 6\}$$

平均値の計算は，

$$平均値 = \frac{(3+2+4+5+6+1+4+1+4+4+3+4+5+6+6)}{\boxed{}}$$

$$= \frac{\boxed{}}{15} = \boxed{}$$

となります．

次に，メジアンを求めます．データを小さい順番に並べ替えると，以下のようになります．

$$\{1, 1, 2, 3, 3, 4, 4, 4, 4, 4, 5, 5, 6, 6, 6\}$$

今，観測値は 15 個ですから，メジアンは 8 番目の観測値となります．したがって，

$$メジアン = \boxed{}$$

となります．

一方，モードを求めるために，各観測値の値がいくつあるか数えてみます．

表1.1 各値の個数(①)

観測値	1	2	3	4	5	6
個数						

上の表より，観測値の個数が一番多いのは 5 個で，そのときの観測値は $\boxed{}$ ですから，

$$モード = \boxed{}$$

となります．

② 別のデータでも練習してみましょう．10 個の観測値を

$$\{2, 1, 2, -3, -2, 0, -2, 1, 1, -2\}$$

とします．このとき，

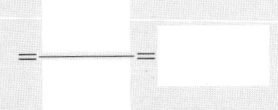

$$\text{平均値} = \frac{2+\boxed{}+2-3-2+0-2+\boxed{}+1+\boxed{}}{\boxed{}}$$

$$= \frac{\boxed{}}{\boxed{}} = \boxed{}$$

となります．
　一方，観測値を小さい順に並べ替えれば，

$$\{-3, -2, -2, -2, 0, 1, 1, 1, 2, 2\}$$

となります．今，観測個数は10個と偶数なので，メジアンは小さい方から5番目と6番目の観測値の平均値となるので，

$$\text{メジアン} = \frac{\boxed{}+\boxed{}}{2} = \boxed{}$$

となります．
　モードを求めるためには，先ほどと同様，各観測値の値の個数を数えます．

表1.2　各値の個数(②)

観測値	-3	-2	0	1	2
個数					

個数が一番多いのは3個ですから，

$$\text{モード} = \boxed{}, \boxed{}$$

となります．このように，モードは複数ある場合があります．

練習問題

① 観測値 $\{6, 2, 4, 5, 4\}$ の平均値，メジアン，モードを求めよ．
② 観測値 $\{4, 6, 6, 3, 5, 5, 7, 5, 8, 5\}$ の平均値，メジアン，モードを求めよ．
③ 観測値 $\{-2, 0, 1, -1, -2, 0, -2, 0\}$ の平均値，メジアン，モードを求めよ．
④ 観測値 $\{1, 2, 3, 4, 5\}$ の平均値，メジアン，モードを求めよ．
⑤ 観測値 $\{5, 5, 5, 5, 5\}$ の平均値，メジアン，モードを求めよ．

答 え

やってみましょうの答え

① 平均値 $= \dfrac{(3+2+4+5+6+1+4+1+4+4+3+4+5+6+6)}{\boxed{15}} = \dfrac{58}{15} = \boxed{3.866\cdots}$

メジアン $= \boxed{4}$

表1.3 表1.1の完成版

観測値	1	2	3	4	5	6
個数	2	1	2	5	2	3

個数が一番多いのは5個で，そのときの観測値は $\boxed{4}$ ですから，

モード $= \boxed{4}$ となります．

② 平均値 $= \dfrac{2+\boxed{1}+2-3-2+0-2+\boxed{1}+1+\boxed{(-2)}}{10} = \dfrac{\boxed{-2}}{10} = \boxed{-0.2}$

メジアン $= \dfrac{\boxed{0}+\boxed{1}}{2} = \boxed{0.5}$

表1.4 表1.2の完成版

観測値	−3	−2	0	1	2
個数	1	3	1	3	2

モード $= \boxed{-2}, \boxed{1}$

練習問題の答え

① 平均値 $=4.2$，メジアン $=4$，モード $=4$．
② 平均値 $=5.4$，メジアン $=5$，モード $=5$．
③ 平均値 $=-0.75$，メジアン $=-0.5$，モード $=-2$ と 0．
④ 平均値 $=3$，メジアン $=3$，また，すべての観測値は1度ずつしか現れないので，モード $=1, 2, 3, 4, 5$．
⑤ 平均値 $=5$，メジアン $=5$，モード $=5$．

2 データの中心を示す代表値2

1変数データの整理では，標本平均値やモード以外に，幾何平均，加重平均，四半期移動平均など，さまざまな代表値でデータの特性を表します．ここでは，そのような代表値の計算を練習します．

定義と公式

刈り込み平均

観測値に異常値などがある場合に，異常値の影響を標本平均値から取り除く方法です．観測値が小さい順に $y_1, y_2, \cdots, y_n$ と並んでいるとします．ここでは，最大値と最小値を取り除いた刈り込み平均を考えます．

$$\text{刈り込み平均} = \frac{1}{n-2}(y_2 + y_3 + \cdots + y_{n-1})$$

幾何平均

幾何平均は複利型の金利や経済成長率など，「率」の平均の計算に使われます．一般に，1年目，2年目，$\cdots$，n年目の倍率が，$r_1, r_2, \cdots, r_n$ だとします．

$$\text{幾何平均} = (r_1 \times r_2 \times \cdots \times r_n)^{\frac{1}{n}}$$

加重平均

観測値が $\{x_1, x_2, \cdots, x_n\}$ で，ウエイト $w_1, w_2, \cdots, w_n$ が正の値をとり，$\sum_{i=1}^{n} w_i = 1$ であるとします．

$$\text{加重平均} = \sum_{i=1}^{n} w_i x_i$$

移動平均

国内総生産(GDP)や国民消費支出など，四半期ごとに観測される経済データや，消費者物価指数など，月ごとに観測される経済データが対象です．データから季節的な影響を取り除いて，全体の趨勢を判断するために用いられます．観測値を $\{\cdots, x_{t-2}, x_{t-1}, x_t, x_{t+1}, x_{t+2}, \cdots\}$ とします．

$$四半期移動平均 = \frac{\frac{1}{2}x_{t-2} + x_{t-1} + x_t + x_{t+1} + \frac{1}{2}x_{t+2}}{4}$$

$$12期移動平均 = \frac{\frac{1}{2}x_{t-6} + x_{t-5} + \cdots + x_{t-1} + x_t + x_{t+1} + \cdots + x_{t+5} + \frac{1}{2}x_{t+6}}{12}$$

物価指数

物価指数は，基準となる年(基準年)と比較して，比較する年(比較年)の物価が上がったのかどうかを表す指標です．今，物価動向を調べる商品が n 種類あり，

p_{0i}：i 番目の商品の基準年の価格　　q_{0i}：i 番目の商品の基準年の購入量
p_{ti}：i 番目の商品の比較年の価格　　q_{ti}：i 番目の商品の比較年の購入量

とします．

$$ラスパイレス指数 = \frac{\sum_{i=1}^{n} p_{ti} q_{0i}}{\sum_{i=1}^{n} p_{0i} q_{0i}}$$

$$パーシェ指数 = \frac{\sum_{i=1}^{n} p_{ti} q_{ti}}{\sum_{i=1}^{n} p_{0i} q_{ti}}$$

公式の使い方（例）

① 論文試験で，5人の採点官の採点が65点，25点，60点，95点，70点であるとします．このとき，最大・最小値を除いた刈り込み平均は，

$$\frac{65 + 60 + 70}{3} = 65$$

となります．

② 1年目，2年目，3年目の金利がそれぞれ3％，5％，7％とします．この場合，預けたお金は1年後には1.03倍，2年後にはその1.05倍，3年後にはさらにその1.07倍となりますので，3年間の幾何平均は，

$$(1.03 \times 1.05 \times 1.07)^{\frac{1}{3}} = 1.0498 \cdots$$

となるので，平均金利は約 5.0％ となります．

一方，100 万円を預金して 3 年後に 120 万円受け取る場合は，年間平均倍率を r とすると，

$$\{(100 \times r) \times r\} \times r\} = 120$$

という関係が成り立つので，

$$r^3 = 1.2, \quad r = (1.2)^{\frac{1}{3}} = 1.0626 \cdots$$

となり，平均金利は約 6.3％ となります．

③ 観測値が $\{3, 5, 9, 4, 2\}$，ウエイトが $\{0.2, 0.4, 0.1, 0.1, 0.2\}$ であるときの加重平均は，

$$3 \times 0.2 + 5 \times 0.4 + 9 \times 0.1 + 4 \times 0.1 + 2 \times 0.2 = 4.3$$

となります．

④ ある商店の四半期ごとの売上高が，2002 年は 500 万円（第 1 四半期），300 万円（第 2 四半期），400 万円（第 3 四半期），600 万円（第 4 四半期），2003 年は 400 万円（第 1 四半期）であるとき，2002 年第 3 四半期の四半期移動平均は，

$$\frac{\frac{1}{2} 500 + 300 + 400 + 600 + \frac{1}{2} 400}{4} = 437.5 \text{（万円）}$$

となります．

一方，この商店の 2002 年 1 月から 2003 年 3 月までの月ごとの売上高が 200, 150, 150, 80, 100, 120, 100, 150, 150, 200, 150, 250, 150, 100, 150（万円）であったとすると，2002 年 7 月の 12 期移動平均は，

$$\frac{\frac{1}{2} \cdot 200 + 150 + 150 + 80 + \cdots + 250 + \frac{1}{2} \cdot 150}{12} = 147.92$$

となります．

⑤ ある家庭のりんごとみかんの価格と購入量は以下の通りでした．

表 2.1 りんごとみかんの価格と購入量

	1995 年		2000 年	
	価格	購入量	価格	購入量
りんご	100	200	150	100
みかん	80	400	50	500

1995年を基準年とすると，ラスパイレス指数およびパーシェ指数は以下のように計算されます．

$$\text{ラスパイレス指数} = \frac{150 \times 200 + 50 \times 400}{100 \times 200 + 80 \times 400}$$

$$= \frac{50000}{52000}$$

$$= 0.961 \cdots$$

$$\text{パーシェ指数} = \frac{150 \times 100 + 50 \times 500}{100 \times 100 + 80 \times 500}$$

$$= \frac{40000}{50000}$$

$$= 0.8$$

となります．したがって，パーシェ指数で計測した物価の方が，ラスパイレス指数で計測した物価よりも，より大きく下落している，ということになります．

やってみましょう

以下，小数点以下第4位を四捨五入して考えます．
観測値が $\{10, 20, 2, 80, 15\}$ であるとき，最大・最小値を取り除いた刈り込み平均は，

$$\frac{\boxed{} + \boxed{} + \boxed{}}{3} = \boxed{}$$

となります．ここで，この観測値に対するウエイトを $\{0.3, 0.2, 0.1, 0.1, 0.3\}$ とした場合の加重平均は，以下のようになります．

$$10 \times 0.3 + 20 \times 0.2 + \boxed{} + \boxed{} + \boxed{}$$

$$= \boxed{}$$

3年間の経済成長率が，5%，8%，10%であったとすると，経済規模は年平均で，

$$\left(1.05 \times \boxed{} \times \boxed{}\right)^{\boxed{}} = \boxed{}$$

倍大きくなったことになるので，3年間の平均成長率は $\boxed{}$ % となります．

以下はある国の1999年第3四半期から4年間の消費水準(C)です．

表2.2 消費の四半期移動平均

年	C	$\bar{C}$
1999-3	65	
4	70	
2000-1	66	67
2	65	67.5
3	68	68
4	72	68.5
2001-1	69	68.5
2	65	69
3	68	69
4	75	69.5
2002-1	70	70
2	65	70
3	70	70
4	75	
2003-1	70	
2	65	

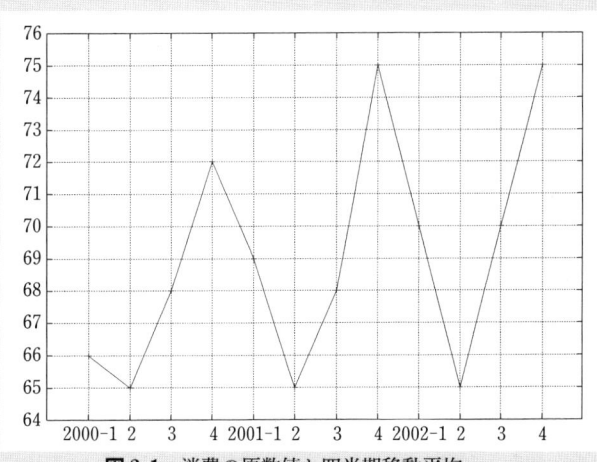

図2.1 消費の原数値と四半期移動平均

2000年第1四半期の移動平均（$\bar{C}$）は67（小数点以下四捨五入）となります．表の空欄に四半期移動平均を計算して記入し，右の図に移動平均の値を書き込んでグラフを完成させましょう．グラフよりわかるように，季節性のあるデータのグラフは上下に大きく変動しますが，四半期移動平均を計算することにより，季節的な変動を取り除き，全体の趨勢を視覚的に把握することができます．

表2.3は基準年と比較年の米，パン，麺類の価格と購入量です．

表 2.3 米，パン，麺類の価格と購入量

	米		パン		麺類	
	数量	価格	数量	価格	数量	価格
基準年	125	500	390	65	330	55
比較年	100	400	380	70	350	50

3つの食品はいわば主食とみなすことができます．すると，主食という観点から物価の動向をみると(小数点以下第3位四捨五入)，

$$\text{ラスパイレス指数} = \frac{400 \times \boxed{} + 70 \times \boxed{} + 50 \times \boxed{}}{500 \times \boxed{} + 65 \times \boxed{} + 55 \times \boxed{}}$$

$$\text{パーシェ指数} = \frac{400 \times \boxed{} + 70 \times \boxed{} + 50 \times \boxed{}}{500 \times \boxed{} + 65 \times \boxed{} + 55 \times \boxed{}}$$

より，ラスパイレス指数 = $\boxed{}$ ，パーシェ指数 = $\boxed{}$ となります．

練習問題

① $\{1, 5, 6, 7, 20\}$ の，最大・最小値を除いた刈り込み平均を求めよ．また，ウエイトを $\{0.1, 0.3, 0.3, 0.3, 0\}$ としたときの加重平均を求めよ．

② $\{10, 200, 500, 1000, 300, 400\}$ の，最大・最小値を除いた刈り込み平均を求めよ．また，ウエイトを $\{0.1, 0.4, 0.1, 0.1, 0.2, 0.1\}$ としたときの加重平均を求めよ．

③ 10万円を預金して2年後に12万円となったときの平均利率を求めよ．また，1年目の利息が10％，2年目の利息が5％であった場合の平均利率を求めよ．

④ ある国の国内総生産が5年間で500兆円から550兆円に増えた場合の，年間平均成長率を求めよ．

⑤ 四半期ごとに計測した観測値が $\{1, 5, 2, 9, 2, 6, 3, 10\}$ であるとき，第3期から6期までの四半期移動平均を求めよ．

⑥ 月ごとに計測した観測値が $\{1, 3, 5, 7, 9, 11, 2, 4, 6, 8, 10, 12, 2\}$ であるとき，第7月の12期移動平均を求めよ．

⑦ ある家計の2000年のビール，日本酒の(購入価格，購入数量)がそれぞれ $(100, 120)$, $(150, 80)$ であったが，2001年には $(95, 140)$, $(140, 90)$ であった．2000年を基準年とするラスパイレス指数とパーシェ指数を計算せよ．

⑧ ある家計の 2000 年のビール，日本酒の(購入価格，購入数量)がそれぞれ (50, 120), (100, 300) であったが，2001 年には (50, 100), (110, 350) であった．2000 年を基準年とするラスパイレス指数とパーシェ指数を計算せよ．

答え

やってみましょうの答え

刈り込み平均は，$\dfrac{\boxed{10}+\boxed{20}+\boxed{15}}{3}=\boxed{15}$

加重平均は，$10\times 0.3+20\times 0.2+\boxed{2\times 0.1}+\boxed{80\times 0.1}+\boxed{15\times 0.3}=\boxed{19.7}$

経済規模は年平均で，$(1.05\times\boxed{1.08}\times\boxed{1.1})^{\boxed{\frac{1}{3}}}=\boxed{1.076}$

3 年間の平均成長率は $\boxed{7.6}$ %．

表 2.4 表 2.2 の完成版

年	C	$\bar{C}$
1999-3	65	
4	70	
2000-1	66	67
2	65	68
3	68	68
4	72	69
2001-1	69	69
2	65	69
3	68	69
4	75	70
2002-1	70	70
2	65	70
3	70	70
4	75	70
2003-1	70	
2	65	

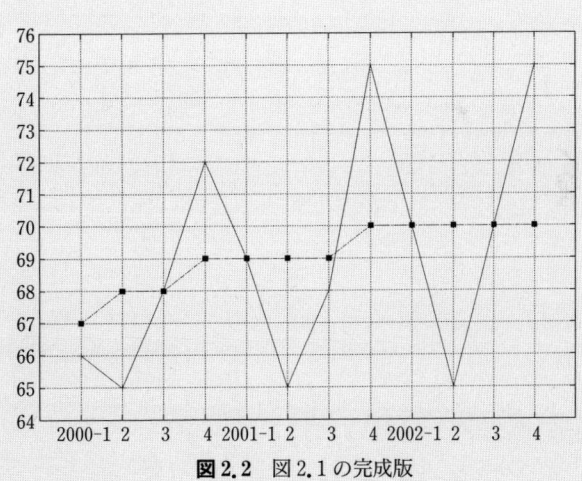

図 2.2 図 2.1 の完成版

$$\text{ラスパイレス指数} = \frac{400\times\boxed{125}+70\times\boxed{390}+50\times\boxed{330}}{500\times\boxed{125}+65\times\boxed{390}+55\times\boxed{330}}$$

$$\text{パーシェ指数} = \frac{400\times\boxed{100}+70\times\boxed{380}+50\times\boxed{350}}{500\times\boxed{100}+65\times\boxed{380}+55\times\boxed{350}}$$

より，ラスパイレス指数 $=\boxed{0.88}$，パーシェ指数 $=\boxed{0.90}$ となります．

練習問題の答え

① 最大・最小値である 20, 1 を除いた刈り込み平均 $=6$，加重平均 $=5.5$．

② 最大・最小値である 1000, 10 を除いた刈り込み平均 $=350$，加重平均 $=331$．

③ $10\times r^2=12$ より，$r=1.2^{1/2}=1.0954\cdots$ であるから，平均利率は約 9.5％．また，$(1.1\times1.05)^{1/2}=1.0747\cdots$ より，平均利率は約 7.5％．

④ $500\times r^5=550$ より，$r=(550/500)^{1/5}=1.0192\cdots$ となるので，平均成長率は約 1.9％．

⑤ 第 3 期から第 6 期までの四半期移動平均は 4.375, 4.625, 4.875, 5.125．

⑥ 12 期移動平均は 6.542．

⑦ ラスパイレス指数 $=(95\times120+140\times80)/(100\times120+150\times80)=0.942$，パーシェ指数 $=(95\times140+140\times90)/(100\times140+150\times90)=0.942$．

⑧ ラスパイレス指数 $=(50\times120+110\times300)/(50\times120+100\times300)=1.083$，パーシェ指数 $=(50\times100+110\times350)/(50\times100+100\times350)=1.088$．

3 データの広がりを示す代表値

　平均値やメジアンは，データの中心を示す代表値でしたが，ここでは，データの広がりを示す代表値の計算を練習します．

定義と公式

範囲(レンジ)

　　　範囲＝データの最大値－データの最小値

標本分散

$$標本分散 = \frac{1}{n-1} \sum_{i=1}^{n} (x_i - 標本平均値)^2$$

標本標準偏差

$$標本標準偏差 = \sqrt{標本分散}$$

四分位範囲

　観測値を小さい順から並べ替えて，4分の1番目の値を第1四分位点(25％点)，真ん中の値を第2四分位点(50％点もしくは中位数)，4分の3番目の値を第3四分位点といいます．このとき，

　　　四分位範囲＝第3四分位点－第1四分位点

公式の使い方(例)

　観測値が{2, 5, 3, 4, 6}のとき，範囲＝6－2＝4となります．また，標本平均値は4となるので，

$$標本分散 = \frac{1}{5-1} \{(2-4)^2 + (5-4)^2 + (3-4)^2 + (4-4)^2 + (6-4)^2\} = 2.5$$

$$標本標準偏差 = \sqrt{2.5} = 1.851\cdots$$

となります．

やってみましょう

以下，小数点以下第3位を四捨五入して考えます．
観測値を {4, 3, 5, 6, 8, 5, 3, 5, 2, 9} とします．最大値は9，最小値は2なので，

　　　　範囲 = □ − □ = □

となります．一方，標本平均値は，(4+3+5+6+8+5+3+5+2+9)/10 = 5 となるので，標本平均値からの偏差の2乗和は，

$$(4-5)^2 + (3-5)^2 + (\quad)^2 + (\quad)^2 + (\quad)^2 + (\quad)^2$$
$$+ (\quad)^2 + (\quad)^2 + (\quad)^2 + (\quad)^2 = \square$$

となるので，

　　　　標本分散 = □/□ = □

となります．これより，

　　　　標本標準偏差 = √□ = □

となります．また，このとき，観測値を小さい方から並べ替えると，{2, 3, 3, 4, 5, 5, 5, 6, 8, 9} となるので，20％点は □，30％点は □ ですから，第1四分位点はその中点の □ です．また，70％点は □，80％点は □ なので，第3四分位点はその中点である □ となります．これより，

　　　　四分位範囲 = □ − □ = □

となります．

なお，標本標準偏差の大きさがデータの広がりとどのように関係しているのか，ということを把握するために，チェビシェフの不等式というものがしばしば用いられます．n 個の観測値

$\{x_1, x_2, \cdots, x_n\}$ の標本平均値を $\overline{x}$, 標本標準偏差を S_x, k を1より大きな数とします．このとき，

$$\overline{x} - k \times S_x \leq x_i \leq \overline{x} + k \times S_x \tag{3.1}$$

の範囲に含まれない観測値の数を m とすると，

$$\frac{m}{n} \leq \frac{1}{k^2}$$

が成り立ちます．これをチェビシェフの不等式といい，標本平均値から標本標準偏差の $\pm k$ 倍以上離れる観測値の割合の上限が $1/k^2$ であることを示しています．たとえば，上の例では $\overline{x}=5$, $S_x=2.21$ となるので，$k=1.2$ としたときの (3.1) の範囲は，

$$\boxed{} \leq x_i \leq \boxed{}$$

となります．この範囲に含まれない観測値は $\boxed{}$ 個あるので，

$$\frac{m}{n} = \frac{\boxed{}}{\boxed{}} = 0.3 \leq \frac{1}{1.2^2} = 0.694\cdots$$

となり，チェビシェフの不等式が成り立つことがわかります．

練習問題

① 観測値 $\{3, 5, 4, 2, 6\}$ の，範囲，標本分散，標本標準偏差を求めよ．また，$k=1.1$ としたとき，チェビシェフの不等式が成り立つことを確認せよ．

② 観測値 $\{-2, 1, 5, 2, -6\}$ の，範囲，標本分散，標本標準偏差を求めよ．また，$k=1.1$ としたとき，チェビシェフの不等式が成り立つことを確認せよ．

③ 観測値 $\{1, 2, 7, 4, 4, 7, 5, 4, 3, 3\}$ の範囲，標本分散，標本標準偏差，四分位範囲を求めよ．また，$k=1.2$ としたとき，チェビシェフの不等式が成り立つことを確認せよ．

④ 観測値 $\{4, -1, -3, -7, 0, 7, 5, -4, 2, -3\}$ の範囲，標本分散，標本標準偏差，四分位範囲を求めよ．また，$k=1.2$ としたとき，チェビシェフの不等式が成り立つことを確認せよ．

⑤ 100個の観測値が $\{2, 4, 6, 8, 10, \cdots, 100\}$ であるときの範囲，標本分散，標本標準偏差，四分位範囲を求めよ．また，$k=1.2$ としたとき，チェビシェフの不等式が成り立つことを確認せよ．

答え

やってみましょうの答え

範囲＝$\boxed{9}-\boxed{2}=\boxed{7}$，標本平均値からの偏差の2乗和は，$(4-5)^2+(3-5)^2+(\boxed{5-5})^2+(\boxed{6-5})^2+(\boxed{8-5})^2+(\boxed{5-5})^2+(\boxed{3-5})^2+(\boxed{5-5})^2+(\boxed{2-5})^2+(\boxed{9-5})^2=\boxed{44}$，標本分散＝$\dfrac{\boxed{44}}{\boxed{9}}=4.89$，標本標準偏差＝$\sqrt{\boxed{4.89}}=\boxed{2.21}$，20%点は$\boxed{3}$，30%点は$\boxed{3}$，第1四分位点は$\boxed{3}$，70%点は$\boxed{5}$，80%点は$\boxed{6}$，第3四分位点は$\boxed{5.5}$，四分位範囲＝$\boxed{5.5}-\boxed{3}=\boxed{2.5}$，$\boxed{(5-1.2\times 2.21=)2.35} \leq x \leq \boxed{(5+1.2\times 2.21=)7.65}$，この範囲に含まれない観測値は，$\boxed{3}$個あるので，$\dfrac{m}{n}=\dfrac{\boxed{3}}{\boxed{10}}$

練習問題の答え

① 範囲＝4，標本分散＝2.5，標本標準偏差＝1.58，$k=1.1$のときの(3.1)の範囲は，$2.26 \leq x_i \leq 5.74$，この範囲に入らない観測値は2つであるから，チェビシェフの不等式は，

$$\dfrac{2}{5}=0.4 \leq \dfrac{1}{1.1^2}=0.826\cdots \quad \text{と，成り立つ．}$$

② 範囲＝11，標本分散＝17.5，標本標準偏差＝4.18，$k=1.1$のときの(3.1)の範囲は，$-4.60 \leq x_i \leq 4.60$，この範囲に入らない観測値は2つであるから，チェビシェフの不等式は，

$$\dfrac{2}{5}=0.4 \leq \dfrac{1}{1.1^2}=0.826\cdots \quad \text{と，成り立つ．}$$

③ 範囲＝6，標本分散＝3.78，標本標準偏差＝1.94，四分位範囲＝$4.5-2.5=2$．$k=1.2$のときの(3.1)の範囲は，$1.67 \leq x_i \leq 6.33$，この範囲に入らない観測値は3つであるから，チェビシェフの不等式は，以下のように成立する．

$$\dfrac{3}{10}=0.3 \leq \dfrac{1}{1.2^2}=0.694\cdots$$

④ 範囲＝14，標本分散＝19.78，標本標準偏差＝4.45，四分位範囲＝$3-(-3.5)=6.5$．$k=1.2$のときの(3.1)の範囲は，$-5.34 \leq x_i \leq 5.34$，この範囲に入らない観測値は2つであるから，チェビシェフの不等式は，以下のように成立する．

$$\dfrac{2}{10}=0.2 \leq \dfrac{1}{1.2^2}=0.694\cdots$$

⑤ 範囲＝98，標本分散＝850，標本標準偏差＝29.15，四分位範囲＝$75-25=50$．$k=1.2$のときの(3.1)の範囲は，$16.02 \leq x_i \leq 85.98$，この範囲に入らない観測値は16個あるから，チェビシェフの不等式は，以下のように成立する．

$$\dfrac{16}{50}=0.32 \leq \dfrac{1}{1.2^2}=0.694\cdots$$

4　度数分布表

観測値をいくつかのグループに分類して分析すると，データの全体的な傾向を把握することができます．ここでは，度数分布表の作成を練習します．

定義と公式

階級
観測値を分類するグループ．階級は「a 以上 b 未満」とする場合が多いです．

階級値
階級を代表する値．通常は階級の中点を階級値とします．

オープンエンド階級
階級の上端もしくは下端がない階級．オープンエンド階級の階級値は，その階級に属するデータの平均値を用います．

度数
その階級に属する観測値の数．

相対度数

(度数)÷(観測値の数)．

累積度数
度数を順次加算した値．

累積相対度数

(累積度数)÷(観測値の数)．

相対度数を順次足すと，累積相対度数となります．

公式の使い方（例）

表 4.1 は，数学の試験の結果を度数分布表にまとめたものです．

表 4.1 度数分布表の例

階級(以上，未満)	階級値	度数	累積度数	相対度数	累積相対度数
0-20	10	1	1	0.02	0.02
20-40	30	7	8	0.14	0.16
40-60	50	17	25	0.34	0.50
60-80	70	15	40	0.30	0.80
80-100	90	10	50	0.20	1.00
計		50		1.00	

やってみましょう

以下の数値は，50人の数学の試験の成績です．

45, 90, 80, 95, 55, 35, 70, 50, 65, 25, 50, 90, 40, 70, 30, 35, 70, 95, 40, 25
80, 10, 60, 50, 50, 50, 60, 55, 30, 70, 65, 80, 70, 80, 45, 30, 45, 60, 70, 90
70, 55, 45, 65, 60, 40, 55, 80, 60, 40

ここでは，以下の4つのステップに分けて度数分布表を作っていきましょう．

① **範囲(レンジ)を求める**

試験の最高点は ___ 点，最低点は ___ 点なので，範囲は ___ となります．

② **階級数，階級の幅，階級を決める**

上で求めた範囲をすべて含むように，階級数，階級の幅，階級を決めます．ここでは，階級数5，階級幅20とすれば，5×20＝100となり，上で求めた範囲を含むことになります．階級は0以上20未満から始めれば，最大階級は ___ 以上 ___ 未満となります．なお，階級数は以下のスタージェスの公式を使って決められることもあります．

階級数＝$1 + 3.3 \times \log_{10}$(観測値の数)

③ **度数を数える**
④ **累積度数，相対度数など，必要な情報を記入する**

それでは，次の度数分布表を完成させましょう．

表 4.2 度数分布表を完成させる

階級	階級値	度数	累積度数	相対度数	累積相対度数
0-20					
20-40					
40-60					
60-80					
80-100					
計					

度数分布表は，標本平均値や標本分散の近似値の計算に利用することができます．この場合，各階級に属するデータは，すべて階級値をとっているものとして計算されます．まず，表 4.3 を完成させましょう．

標本平均値と標本分散の近似値は以下のように計算できます．

$$標本平均値 = \frac{\{(階級値) \times (度数)\} の総和}{度数の総和}$$

$$標本分散 = \frac{\{(階級値)^2 \times (度数)\} の総和 - 度数の総和 \times (標本平均値)^2}{(度数の総和) - 1}$$

表 4.3 計算の途中で必要なもの

階級値	度数	階級値×度数	(階級値)²×度数
10	1	10	
30	7	210	
50	17		42500
70	15		73500
90	10		81000
計	50	3020	203400

これより，

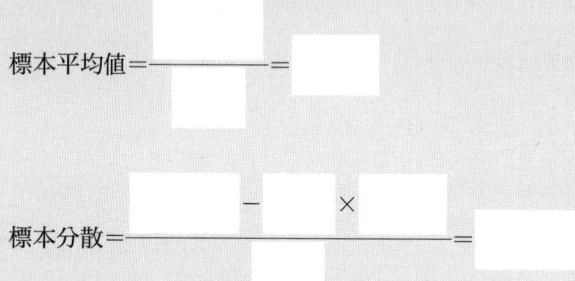

となります．なお，観測値から計算される標本平均値は 57.5，標本分散は 400.26 なので，度数分布表から計算された近似値は真の値に近いことがわかります．

練習問題

① 以下の観測値は，25 人の英語の試験の成績である(50 点満点)．階級数を 5 として度数分布表を作成し，標本平均値と標本分散の近似値を計算しなさい．

20, 40, 35, 45, 35, 45, 40, 30, 15, 25, 35, 25, 0, 10, 35, 20, 30, 45, 30, 25, 30, 15, 45, 30, 5

② 以下の観測値は，25人の数学の試験の成績である（50点満点）．階級数を5として，度数分布表を作成し，標本平均値と標本分散の近似値を計算しなさい．ただし，最大階級は40以上50以下とし，最大階級の階級値は標本平均値（小数点以下四捨五入）を用いなさい．

15, 35, 50, 45, 30, 50, 25, 50, 50, 25, 20, 45, 10, 40, 50, 45, 45, 40, 35, 30, 40, 40, 30, 35, 5

③ 以下の観測値は，ある会社の従業員50人の1か月あたりの残業時間である．階級幅は6とし，階級数はスタージェスの公式を用いて決めた上で，度数分布表を作成し，標本平均値と標本分散の近似値を計算しなさい．ただし，最大階級はオープンエンド階級とすること．

9, 5, 15, 20, 28, 12, 9, 7, 10, 0, 6, 16, 10, 10, 5, 6, 8, 15, 22, 30, 10, 7, 4, 15, 12,
8, 12, 20, 6, 25, 28, 12, 10, 25, 3, 0, 40, 7, 20, 3, 20, 5, 8, 10, 9, 10, 0, 15, 10, 3

④ 下の表は，年間の所得を階級別にまとめた表である．この表から，階級幅200の度数分布表を作成し，標本平均値と標本分散の近似値を計算しなさい．ただし，1000以上の階級はオープンエンド階級とし，階級値は1200とする．

表4.4 所得階級別の年間所得

所得階級(万円：以上，未満)	世帯数	所得階級(万円：以上，未満)	世帯数
0-100	5	500-550	80
100-150	10	550-600	75
150-200	10	600-650	70
200-250	20	650-700	70
250-300	30	700-750	60
300-350	40	750-800	40
350-400	60	800-900	80
400-450	70	900-1000	60
450-500	90	1000-	130

答え

やってみましょうの答え

① 試験の最高点は $\boxed{95}$ 点, 最低点は $\boxed{10}$ 点なので, 範囲は $\boxed{85}$ となります.

② 階級は 0 以上 20 未満から始めれば, 最大階級は $\boxed{80}$ 以上 $\boxed{100}$ 未満です.

表 4.5　表 4.2 の完成版

階級	階級値	度数	累積度数	相対度数	累積相対度数
0-20	10	1	1	0.02	0.02
20-40	30	7	8	0.14	0.16
40-60	50	17	25	0.34	0.50
60-80	70	15	40	0.30	0.80
80-100	90	10	50	0.20	1.00
計		50		1.00	

表 4.6　表 4.3 の完成版

階級値	度数	階級値×度数	(階級値)^2×度数
10	1	10	100
30	7	210	6300
50	17	850	42500
70	15	1050	73500
90	10	900	81000
計	50	3020	203400

これより,

$$標本平均値 = \frac{3020}{50} = 60.4$$

$$標本分散 = \frac{\boxed{203400} - \boxed{50} \times \boxed{(60.4)^2}}{\boxed{49}} = \boxed{428.41}$$

練習問題の答え

① 標本平均値 $=30.6$, 標本分散 $=150.67$（近似値）.

表4.7 練習問題①の度数分布表

階級(以上，未満)	階級値	度数	累積度数	相対度数	累積相対度数
0-10	5	2	2	0.08	0.08
10-20	15	3	5	0.12	0.20
20-30	25	5	10	0.20	0.40
30-40	35	9	19	0.36	0.76
40-50	45	6	25	0.24	1.00
計			25		1.00

② 最大階級に属する得点の平均値は $45.3\cdots$ となるので，階級値は 45 とする．標本平均値 $=36.2$, 標本分散 $=136.00$（近似値）．

表4.8 練習問題②の度数分布表

階級(以上，未満)	階級値	度数	累積度数	相対度数	累積相対度数
0-10	5	1	1	0.04	0.04
10-20	15	2	3	0.08	0.12
20-30	25	3	6	0.12	0.24
30-40	35	6	12	0.24	0.48
40-50	45	13	25	0.52	1.00
計			25		1.00

③ スタージェスの公式より，$1+3.3\times\log_{10}(50)=6.6\cdots$ となるので，階級数は 6 とする．最小の階級を「0-6」とすれば，最大階級は「30 以上」となる．したがって，最大階級の階級値は $(30+40)/2=35$ とする．度数分布表より，標本平均値 $=12.56$, 標本分散 $=69.76$（近似値）．

表 4.9 練習問題③の度数分布表

階級(以上，未満)	階級値	度数	累積度数	相対度数	累積相対度数
0-6	3	10	10	0.20	0.20
6-12	9	20	30	0.40	0.60
12-18	15	9	39	0.18	0.78
18-24	21	5	44	0.10	0.88
24-30	27	4	48	0.08	0.96
30-	35	2	50	0.04	1.00
計		50		1.00	

④ 度数分布表は以下のようになる．なお，下の表のように，相対度数を四捨五入して記入したときには，丸めの誤差の影響により，その和は必ずしも1にはならないことがある．標本平均＝655，標本分散＝81756.76（近似値）．

表 4.10 練習問題④の度数分布表

階級(以上，未満)	階級値	度数	累積度数	相対度数	累積相対度数
0-200	100	25	25	0.03	0.03
200-400	300	150	175	0.15	0.18
400-600	500	315	490	0.32	0.49
600-800	700	240	730	0.24	0.73
800-1000	900	140	870	0.14	0.87
1000-	1200	130	1000	0.13	1.00
計		1000		1.00	

5 ヒストグラム

第 4 章で練習した度数分布表を視覚的に理解しやすくするためには，ヒストグラムを描くのが有効です．ここでは，ヒストグラムの作成を練習します．

定義と公式

ヒストグラム
棒グラフの一種で，各棒の面積が度数または相対度数を表すように作成されたグラフのことです．

公式の使い方（例）

下の表は，数学の試験の結果を度数分布表にまとめたものですが，これをヒストグラムにしてみます．棒グラフの面積が，度数に対応している点に注意しましょう．

表 5.1　図 5.1 への度数分布表

階級(以上，未満)	階級値	度数
0-20	10	0
20-40	30	8
40-60	50	17
60-80	70	15
80-100	90	10
計		50

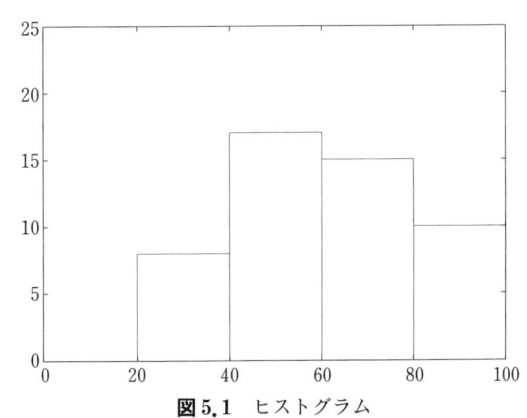

図 5.1　ヒストグラム

やってみましょう

① 表 5.2 は，50 人の数学の試験の成績をまとめた度数分布表です．この表をヒストグラムに描いてみましょう．階級幅が一定であるときには，通常の棒グラフを描くのと同じ要領でヒストグラムが描けます．

表5.2 階級幅が一定の場合

階級(以上，未満)	階級値	度数
0-20	10	1
20-40	30	7
40-60	50	17
60-80	70	15
80-100	90	10
計		50

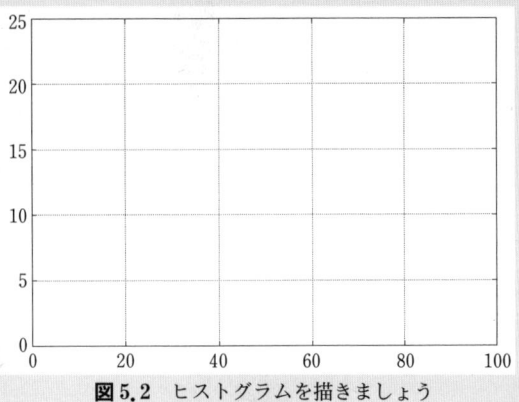

図5.2 ヒストグラムを描きましょう

② 次に，度数分布表の階級幅が階級により異なり，さらに，最大階級がオープンエンド階級である場合のヒストグラムを描いてみましょう．下の表は，英語・数学の総合点(500点満点)の度数分布表です．

表5.3 注意が必要な場合

階級(以上，未満)	階級値	度数
0-100	50	10
100-150	125	10
150-200	175	25
200-250	225	35
250-300	275	30
300-350	325	20
350-	390	15
計		150

最大・最小の階級以外は階級幅が50なので，これらの階級に対応するグラフの高さを度数で表すことにします．たとえば，100-150の階級に対応するグラフの高さは，10となります．一方，最小階級は階級幅が　　　　なので，他の階級幅よりも2倍幅が広くなっています．したがって，棒グラフの面積を度数と比例させるためには，最小階級のヒストグラムの高さを，度数の　　　倍である　　　とします．

最大階級はオープンエンド階級となっていますが，このような場合，最大階級に関しては階級値を棒グラフの幅の中点としてヒストグラムを書くことがしばしばあります．すなわち，最大階級の棒グラフの起点を350，終点を　　　　とすれば，その中点は階級値である390となり

ます．このとき，階級幅は 80 ですから，グラフの高さは度数の ☐ 倍として ☐ とします．

それでは，ヒストグラムを描いてみましょう．

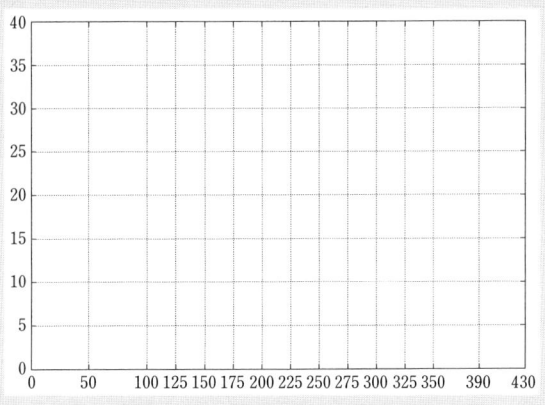

図5.3 注意をふまえたヒストグラム

練習問題

以下の4つの表は，「4.度数分布表」(前章)練習問題で作成した度数分布表です．それぞれのヒストグラムを作成しなさい．

表5.4 練習問題4-①の表

階級(以上，未満)	階級値	度数
0-10	5	2
10-20	15	3
20-30	25	5
30-40	35	9
40-50	45	6
		25

表5.5 練習問題4-②の表

階級(以上，未満)	階級値	度数
0-10	5	1
10-20	15	2
20-30	25	3
30-40	35	6
40-50	45	13
		25

表5.6 練習問題4-③の表

階級(以上，未満)	階級値	度数
0-6	3	10
6-12	9	20
12-18	15	9
18-24	21	5
24-30	27	4
30-	35	2
		50

表5.7 練習問題4-④の表

階級(以上，未満)	階級値	度数
0-200	100	25
200-400	300	150
400-600	500	315
600-800	700	240
800-1000	900	140
1000-	1200	130
		1000

答え

やってみましょうの答え

①

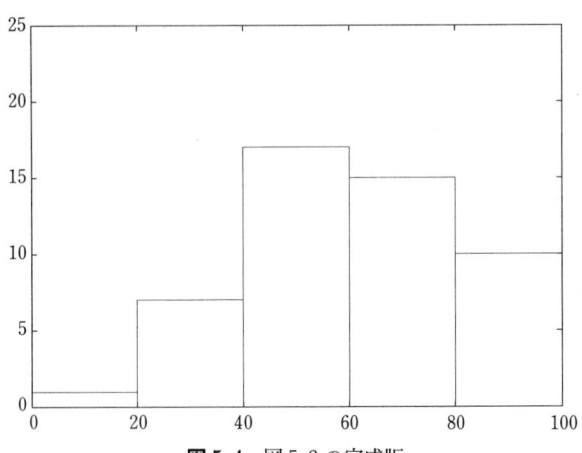

図 5.4　図 5.2 の完成版

② 最小階級は階級幅が $\boxed{100}$ なので，他の階級幅よりも 2 倍幅が広くなっています．したがって，棒グラフの面積と度数とを比例させるためには，最小階級のヒストグラムの高さを，度数の $\boxed{0.5}$ 倍である $\boxed{5}$ とします．

最大階級の棒グラフの起点を 350，終点を $\boxed{430}$ とすれば，中点は階級値である 390 となります．このとき，階級値は 80 ですから，グラフの高さは度数の $\boxed{\dfrac{5}{8}}$ 倍として $\boxed{9.375}$ とします．

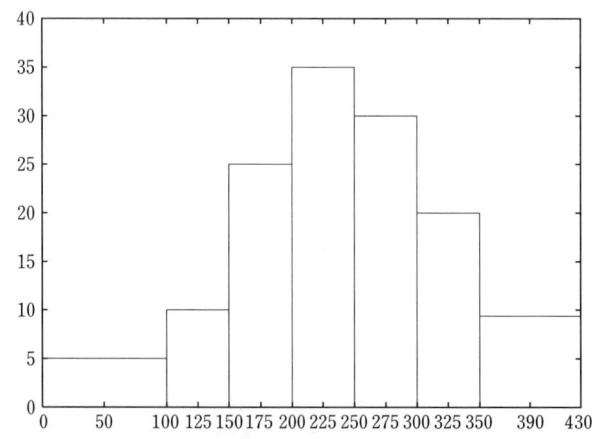

図 5.5　図 5.3 の完成版

練習問題の答え

最初の上の2つは，階級幅が等間隔であるので，通常の棒グラフを描けばよい．下の2つはオープンエンド階級なので，棒グラフ面積が度数に比例するように高さを調整しなければならない．最大階級のグラフの高さは，左下が1.2，右下が65である．

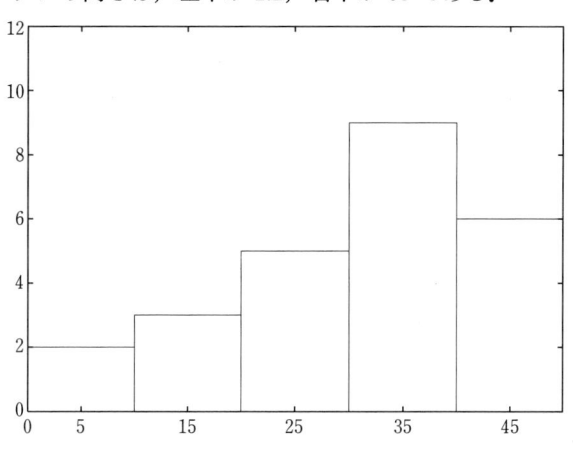

図 5.6 表5.4のヒストグラム

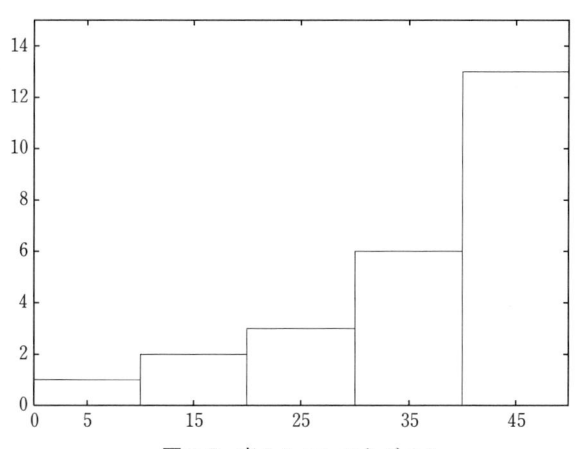

図 5.7 表5.5のヒストグラム

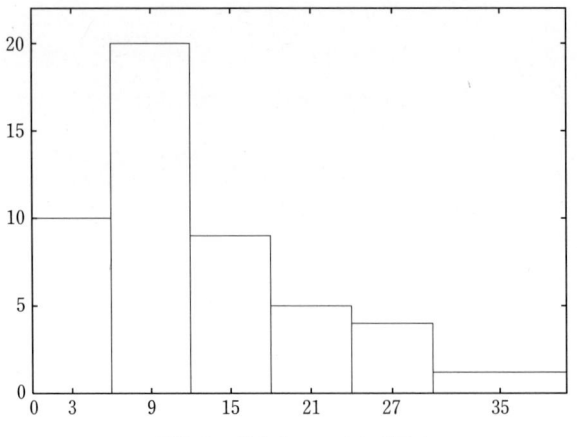

図 5.8 表 5.6 のヒストグラム

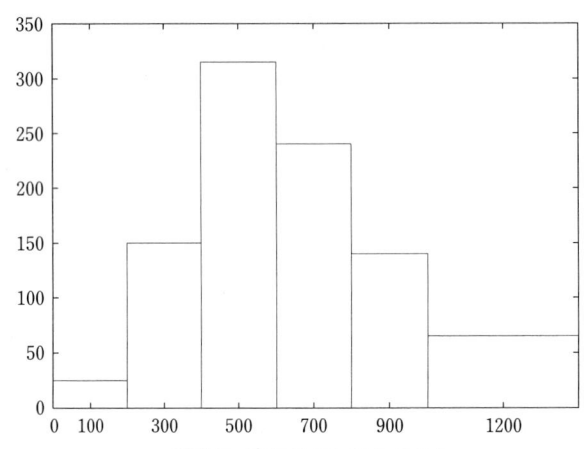

図 5.9 表 5.7 のヒストグラム

6 ローレンツ曲線とジニ係数

所得分配などの不平等度を計測するために，ローレンツ曲線を描いたりジニ係数を計算します．ここでは，この両者の作成を練習します．

定義と公式

ローレンツ曲線

所得を例にとると，所得階層別に度数分布表を作成し，横軸を累積相対度数，縦軸を累積相対所得(各階級までの累積所得÷総所得)としたグラフのことです．45度線を完全平等線といいます．所得以外に，貯蓄不平等度や企業の独占状態などの分析にも使われます．

ジニ係数

ジニ係数は以下のように定義されます．ジニ係数は0以上1以下の値をとり，大きな値であるほど，より不平等であることを示します．

$$\text{ジニ係数} = 1 - \frac{\text{ローレンツ曲線より下の面積}}{\text{完全平等線より下の面積}}$$

計算方法

今，階級数を n，第 i 階級の相対度数を p_i，累積相対度数を q_i，相対所得を r_i とすると，

$$\text{ジニ係数} = 2\sum_{i=1}^{n} q_i r_i - \sum_{i=1}^{n} p_i r_i - 1$$

公式の使い方 (例)

所得階層が低い順にIからVまで区分されているとします．データより，ジニ係数は0.35 (小数点以下第3位を四捨五入)となります．

表6.1　度数分布表

階級	累積相対度数	累積相対所得
I	0.050	0.005
II	0.250	0.100
III	0.550	0.300
IV	0.850	0.600
V	1.000	1.000

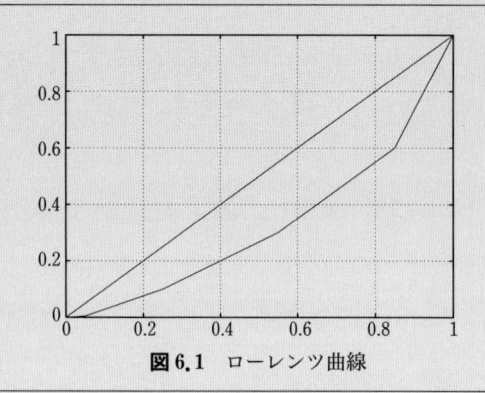

図6.1　ローレンツ曲線

やってみましょう

下の表は，5段階の所得階層別度数分布表です．

表6.2　度数分布表

階級	相対度数	累積相対度数	相対所得	累積相対所得
I	0.200	0.200	0.050	0.050
II	0.200	0.400	0.050	0.100
III	0.200	0.600	0.100	0.200
IV	0.200	0.800	0.300	0.500
V	0.200	1.000	0.500	1.000

まず，ローレンツ曲線を描いてみましょう．累積相対度数を横軸，累積相対所得を縦軸にとり，下のグラフに書き入れてみましょう．

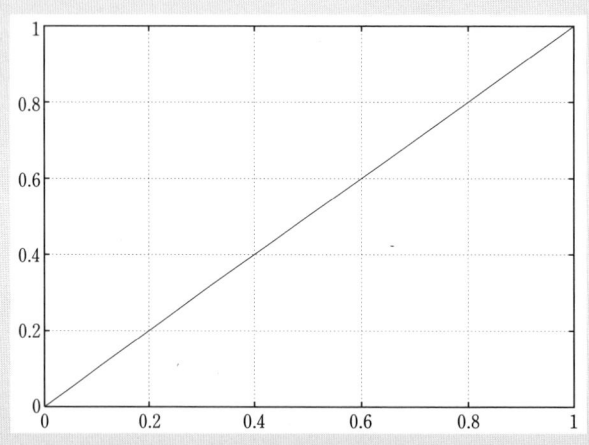

図6.2　ローレンツ曲線を描いてみましょう

次に，ジニ係数を計算します．まず，次の表に数値を記入しましょう．

表6.3 ジニ係数計算の準備

階級	累積相対度数×相対所得	相対度数×相対所得
I		
II		
III		
IV		
V		
計		

ジニ係数の計算公式を使えば，

　　　ジニ係数 $=2\times$ ＿＿＿＿ $-$ ＿＿＿＿ $-1=$ ＿＿＿＿

となります．

練習問題

① 以下の表は，所得階層別の度数分布表である．ローレンツ曲線を描き，ジニ係数を求めよ．

表6.4 度数分布表

階級	相対度数	累積相対度数	相対所得	累積相対所得
I	0.200	0.200	0.100	0.100
II	0.200	0.400	0.200	0.300
III	0.200	0.600	0.200	0.500
IV	0.200	0.800	0.200	0.700
V	0.200	1.000	0.300	1.000

② 次の表は，所得階層別の度数分布表である．ローレンツ曲線を描き，ジニ係数を求めよ．

表 6.5 度数分布表

階級	相対度数	累積相対度数	相対所得	累積相対所得
I	0.200	0.200	0.010	0.010
II	0.200	0.400	0.010	0.020
III	0.200	0.600	0.010	0.030
IV	0.200	0.800	0.010	0.040
V	0.200	1.000	0.960	1.000

③ 以下の表は，ある産業における，売上高のシェアをまとめた度数分布表である．ローレンツ曲線を描き，ジニ係数を求めよ．

表 6.6 度数分布表

階級	相対度数	累積相対度数	シェア	累積シェア
I	0.200	0.200	0.010	0.010
II	0.200	0.400	0.040	0.050
III	0.200	0.600	0.200	0.250
IV	0.200	0.800	0.350	0.600
V	0.200	1.000	0.400	1.000

答え

やってみましょうの答え

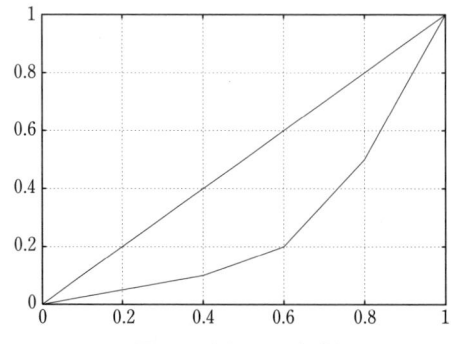

図 6.3 図 6.2 の完成版

表 6.7　表 6.3 の完成版

階級	累積相対度数×相対所得	相対度数×相対所得
I	0.01	0.01
II	0.02	0.01
III	0.06	0.02
IV	0.24	0.06
V	0.50	0.10
計	0.83	0.20

ジニ係数 $= 2 \times \boxed{0.83} - \boxed{0.2} - 1 = \boxed{0.46}$

練習問題の答え

ジニ係数はそれぞれ 0.16, 0.76, 0.44.

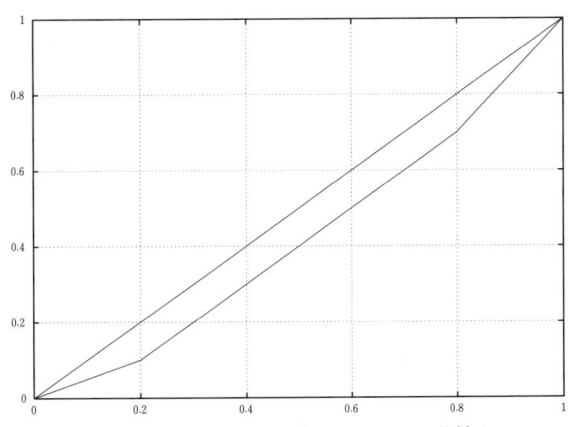

図 6.4　練習問題①のローレンツ曲線

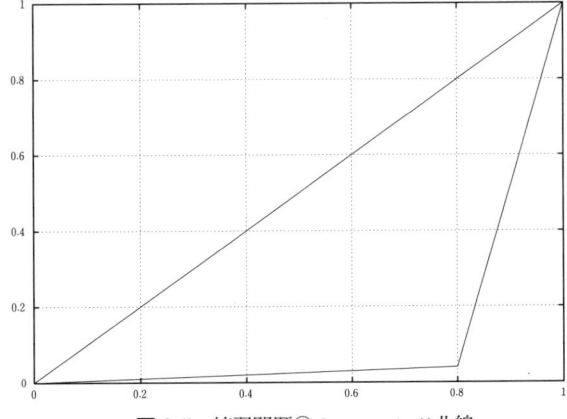

図 6.5　練習問題②のローレンツ曲線

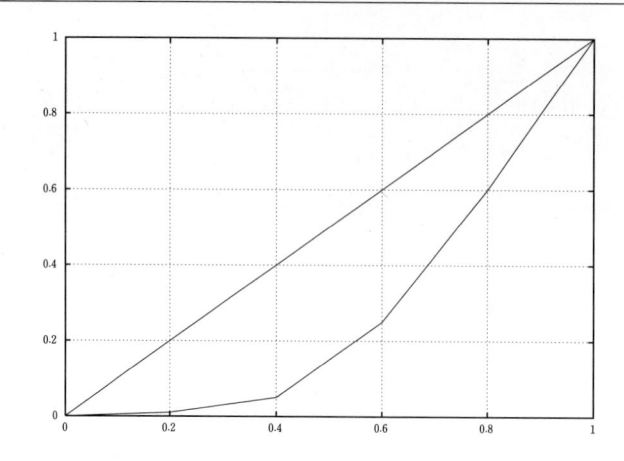

図 6.6 練習問題③のローレンツ曲線

7　2変数データの代表値

ここでは，2変数データの整理の仕方を練習します．

定義と公式

今，観測値が (x_1, y_1), (x_2, y_2), $\cdots$, (x_n, y_n) であり，$\overline{x}$, $\overline{y}$ をそれぞれ x_i と y_i の標本平均値とします．

散布図

2変数データを2次元平面に図示したものを，散布図といいます．

標本共分散

$$x_i と y_i の標本共分散 = \frac{1}{n-1}\sum_{i=1}^{n}(x_i-\overline{x})(y_i-\overline{y})$$

標本相関係数

$$x_i と y_i の標本相関係数 = \frac{x_i と y_i の標本共分散}{\sqrt{(x_i の標本分散)\times(y_i の標本分散)}}$$

$$= \frac{\sum_{i=1}^{n}(x_i-\overline{x})(y_i-\overline{y})}{\sqrt{\sum_{i=1}^{n}(x_i-\overline{x})^2 \times \sum_{i=1}^{n}(y_i-\overline{y})^2}}$$

なお，標本相関係数は -1 以上 1 以下の値をとります．

> 平方根が出てきますので，よほど人工的なデータでない限り最後に数値を出すためには，何らかの計算機の助けが必要です．

公式の使い方（例）

① 観測値が $\{(1, 2), (2, 1), (3, 3), (4, 5), (5, 4), (6, 6), (7, 7), (8, 6), (9, 7), (10, 8)\}$ であるとします．散布図および，共分散，相関係数は以下のようになります．

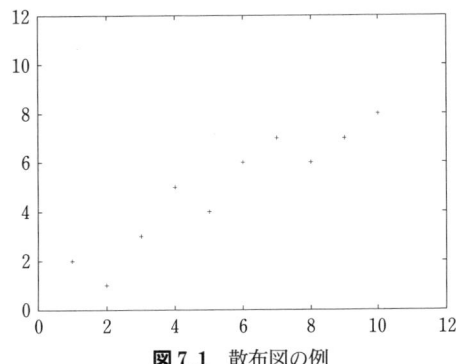

図7.1 散布図の例

$$標本共分散 = \frac{1}{9}\sum_{i=1}^{10}(x_i - 5.5)(y_i - 4.9)$$

$$\boxed{\begin{array}{l}\overline{x}=5.5\\ \overline{y}=4.9\end{array}}$$

$$= \frac{1}{9}\{(1-5.5)(2-4.9) + (2-5.5)(1-4.9) + (3-5.5)(3-4.9)$$
$$+ (4-5.5)(5-4.9) + (5-5.5)(4-4.9) + (6-5.5)(6-4.9) + (7-5.5)(7-4.9)$$
$$+ (8-5.5)(6-4.9) + (9-5.5)(7-4.9) + (10-5.5)(8-4.9)\}$$

$$= \frac{1}{9}\{13.05 + 13.65 + 4.75 + (-0.15) + 0.45 + 0.55 + 3.15 + 2.75 + 7.35 + 13.95\}$$

$$= \frac{59.5}{9}$$

$$= 6.611\cdots$$

$$標本相関係数 = \frac{59.5}{\sqrt{82.5 \times 48.9}}$$

$$= 0.936\cdots$$

$$\sum_{i=1}^{10}(x_i - \overline{x})^2 = (1-5.5)^2 + (2-5.5)^2 + (3-5.5)^2$$
$$+ (4-5.5)^2 + (5-5.5)^2 + (6-5.5)^2$$
$$+ (7-5.5)^2 + (8-5.5)^2 + (9-5.5)^2$$
$$+ (10-5.5)^2$$
$$= 20.25 + 12.25 + 6.25 + 2.25 + 0.25 + 0.25$$
$$+ 2.25 + 6.25 + 12.25 + 20.25$$
$$= 82.5$$

$$\sum_{i=1}^{10}(y_i - \overline{y})^2 = (2-4.9)^2 + (1-4.9)^2 + (3-4.9)^2$$
$$+ (5-4.9)^2 + (4-4.9)^2 + (6-4.9)^2$$
$$+ (7-4.9)^2 + (6-4.9)^2 + (7-4.9)^2$$
$$+ (8-4.9)^2$$
$$= 8.41 + 15.21 + 3.61 + 0.01 + 0.81 + 1.21$$
$$+ 4.41 + 1.21 + 4.41 + 9.61$$
$$= 48.9$$

やってみましょう

以下，小数点以下第3位を四捨五入します．

① 観測値が $\{x_i, y_i\} = \{(1, -5), (2, -3), (3, -2), (4, -4), (5, 0), (6, 0), (7, 2), (8, 5), (9, 4), (10, 6)\}$ であるとします．まず，散布図を描き，以下の計算をしましょう．

図 7.2 散布図を描きましょう（①）

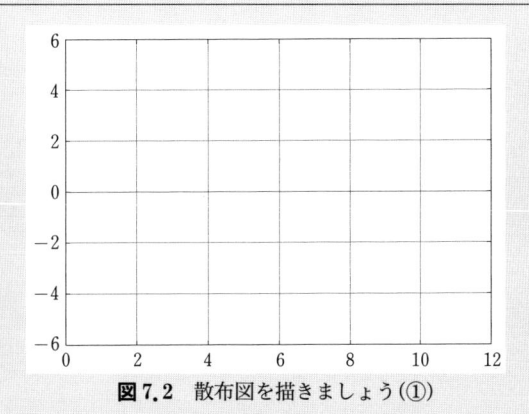

$$\overline{x} = \frac{1+2+3+4+5+6+7+8+9+10}{10} = 5.5$$

$$\overline{y} = \frac{-5-3-2-4+0+0+2+5+4+6}{10} = 0.3$$

$$\sum_{i=1}^{n}(x_i - \overline{x})^2 = (1-5.5)^2 + (2-5.5)^2 + (3-5.5)^2 + (4-5.5)^2$$
$$+ (5-5.5)^2 + (6-5.5)^2 + (7-5.5)^2 + (8-5.5)^2 + (9-5.5)^2 + (10-5.5)^2$$
$$= 20.25 + 12.25 + 6.25 + 2.25 + 0.25 + 0.25 + 2.25 + 6.25 + 12.25 + 20.25$$
$$= \boxed{}$$

$$\sum_{i=1}^{n}(y_i - \overline{y})^2 = (-5-0.3)^2 + (-3-0.3)^2 + (-2-0.3)^2 + (-4-0.3)^2$$
$$+ (0-0.3)^2 + (0-0.3)^2 + (2-0.3)^2 + (5-0.3)^2 + (4-0.3)^2 + (6-0.3)^2$$
$$= \boxed{} + \boxed{} + \boxed{} + \boxed{}$$
$$+ \boxed{} + \boxed{} + \boxed{} + \boxed{} + \boxed{}$$
$$= \boxed{}$$

$$\sum_{i=1}^{n}(x_i - \overline{x})(y_i - \overline{y}) = (1-5.5)(-5-0.3) + (2-5.5)(-3-0.3) + (3-5.5)(-2-0.3)$$
$$+ (4-5.5)(-4-0.3) + (5-5.5)(0-0.3) + (6-5.5)(0-0.3)$$
$$+ (7-5.5)(2-0.3) + (8-5.5)(5-0.3) + (9-5.5)(4-0.3)$$
$$+ (10-5.5)(6-0.3)$$
$$= \boxed{} + \boxed{} + \boxed{} + \boxed{} + \boxed{}$$

$$+ \boxed{} + \boxed{} + \boxed{} + \boxed{} + \boxed{}$$
$$= \boxed{}$$

これより,

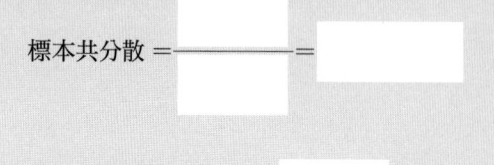

$$\text{標本共分散} = \frac{\boxed{}}{\boxed{}} = \boxed{}$$

$$\text{標本相関係数} = \frac{\boxed{}}{\sqrt{\boxed{} \times \boxed{}}} = \boxed{}$$

となります.このように,散布図が右上がりとなる場合,標本相関係数は正の値をとり,2つの変数には正の相関がある,といいます.

② 同様にして,観測値 $\{x_i, y_i\} = \{(-4, 7), (-3, 5), (-2, 6), (-1, 2), (0, 3), (1, 1), (2, -2), (3, -4), (4, -1), (5, -3)\}$ の散布図を描き,標本共分散と標本相関係数を求めてみましょう.

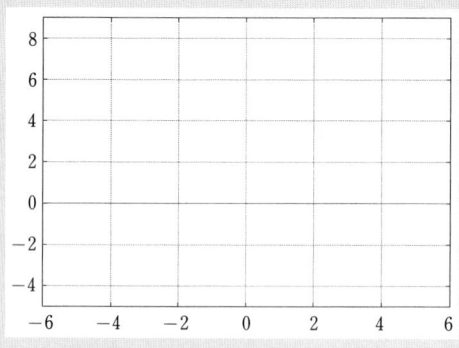

図7.3 散布図を描きましょう(②)

$$\overline{x} = \frac{-4-2-2-1+0+1+2+3+4+5}{10} = 0.5$$

$$\overline{y} = \frac{7+5+6+2+3+1-2-4-1-3}{10} = 1.4$$

$$\sum_{i=1}^{n}(x_i - \overline{x})^2 = (-4-0.5)^2 + (-3-0.5)^2 + (-2-0.5)^2 + (-1-0.5)^2$$
$$+ (0-0.5)^2 + (1-0.5)^2 + (2-0.5)^2 + (3-0.5)^2 + (4-0.5)^2 + (5-0.5)^2$$

$$= \boxed{} + \boxed{} + \boxed{} + \boxed{} + \boxed{}$$
$$+ \boxed{} + \boxed{} + \boxed{} + \boxed{} + \boxed{}$$
$$= \boxed{}$$

$$\sum_{i=1}^{n}(y_i - \overline{y})^2 = (7-1.4)^2 + (5-1.4)^2 + (6-1.4)^2 + (2-1.4)^2 + (3-1.4)^2 + (1-1.4)^2$$
$$+ (-2-1.4)^2 + (-4-1.4)^2 + (-1-1.4)^2 + (-3-1.4)^2$$
$$= 31.36 + 12.96 + 21.16 + 0.36 + 2.56 + 0.16 + 11.56 + 29.26 + 5.76 + 19.36$$
$$= \boxed{}$$

$$\sum_{i=1}^{n}(x_i - \overline{x})(y_i - \overline{y}) = (-4-0.5)(7-1.4) + (-3-0.5)(5-1.4) + (-2-0.5)(6-1.4)$$
$$+ (-1-0.5)(2-1.4) + (0-0.5)(3-1.4) + (1-0.5)(1-1.4)$$
$$+ (2-0.5)(-2-1.4) + (3-0.5)(-4-1.4) + (4-0.5)(-1-1.4)$$
$$+ (5-0.5)(-3-1.4)$$
$$= -\boxed{} - \boxed{} - \boxed{} - \boxed{}$$
$$\boxed{} \boxed{} \boxed{} \boxed{}$$
$$= \boxed{}$$

これより，

$$標本共分散 = \frac{\boxed{}}{\boxed{}} = \boxed{}$$

$$標本相関係数 = \frac{\boxed{}}{\sqrt{\boxed{} \times \boxed{}}} = \boxed{}$$

となります．このように，散布図が右下がりとなる場合，標本相関係数は負の値をとり，2つの変数には負の相関がある，といいます．

③ 最後に，観測値 $\{x_i, y_i\} = \{(-1, 1), (-1, 0), (-1, -1), (0, 1), (0, 0), (0, -1), (1, 1), (1, 0), (1, -1)\}$ の散布図を描き，標本共分散と標本相関係数を求めてみましょう．

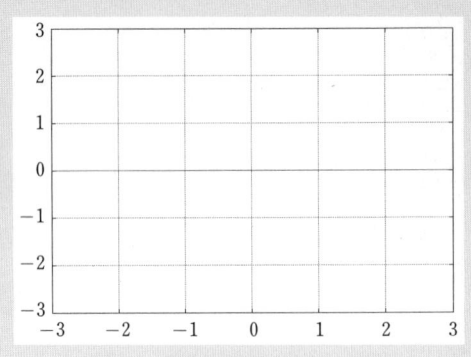

図 7.4 散布図を描きましょう(③)

$\overline{x} = \boxed{}$

$\overline{y} = \boxed{}$

$\sum_{i=1}^{n}(x_i - \overline{x})^2 = \boxed{}$

$\sum_{i=1}^{n}(y_i - \overline{y})^2 = \boxed{}$

$\sum_{i=1}^{n}(x_i - \overline{x})^2(y_i - \overline{y})^2 = \boxed{}$

この問題は計算機の助けを借りずにやってみましょう.

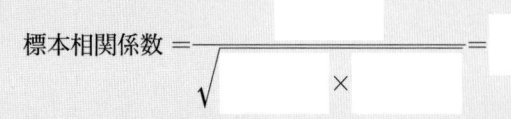

これより,

$$\text{標本共分散} = \frac{\boxed{}}{} = \boxed{}$$

$$\text{標本相関係数} = \frac{\boxed{}}{\sqrt{\boxed{} \times \boxed{}}} = \boxed{}$$

このように,標本相関係数が 0 であるとき,2 つの変数は無相関である,といいます.なお,散布図からわかるように,観測値が規則的に並んでいても,標本相関係数が 0 となることがしばしばあります.標本相関係数は,あくまでも 2 つの変数の直線関係を表すものであることに注意しましょう.

練習問題

① 観測値 $\{(1, -4), (2, -2), (3, -3), (4, 0), (5, 2), (6, 1), (7, 3), (8, 2), (9, 5), (10, 6)\}$ の散布図を描き，標本共分散と標本相関係数を求めよ．

② 観測値 $\{(1, 0), (2, 2), (3, 2), (4, 0), (5, -5), (6, -2), (7, -2), (8, -4), (9, -6), (10, -5)\}$ の散布図を描き，標本共分散と標本相関係数を求めよ．

③ 観測値 $\{(4, 8), (2, 5), (1, 4), (5, 8), (1, 3), (5, 6), (4, 9), (2, 5), (3, 0)\}$ の散布図を描き，標本共分散と標本相関係数を求めよ．

④ 観測値 $\{(-8, 1), (-6, 2), (-4, 3), (-2, 4), (0, 5), (2, 6), (4, 7), (6, 8), (8, 9)\}$ の散布図を描き，標本共分散と標本相関係数を求めよ．

⑤ 観測値 $\{(0, 5), (3, 4), (4, 3), (5, 0), (4, -3), (3, -4), (0, -5), (-3, -4), (-4, -3), (-5, 0), (-4, 3), (-3, 4)\}$ の散布図を描き，標本共分散と標本相関係数を求めよ．

答え

やってみましょうの答え

① $\sum_{i=1}^{n}(x_i - \overline{x})^2 = \boxed{82.5}$

$\sum_{i=1}^{n}(y_i - \overline{y})^2 = \boxed{28.09} + \boxed{10.89} + \boxed{5.29} + \boxed{18.49} + \boxed{0.09} + \boxed{0.09} + \boxed{2.89}$
$\qquad\qquad\quad + \boxed{22.09} + \boxed{13.69} + \boxed{32.49} = \boxed{134.1}$

$\sum_{i=1}^{n}(x_i - \overline{x})(y_i - \overline{y}) = \boxed{23.85} + \boxed{11.55} + \boxed{5.75} + \boxed{6.45} + \boxed{0.15} + \boxed{0.15} + \boxed{2.55}$
$\qquad\qquad\qquad\quad + \boxed{11.75} + \boxed{12.95} + \boxed{25.65} = \boxed{100.5}$

標本共分散 $= \dfrac{\boxed{100.5}}{\boxed{9}} = \boxed{11.17}$

標本相関係数 $= \dfrac{\boxed{100.5}}{\sqrt{\boxed{82.5} \times \boxed{134.1}}} = \boxed{0.96}$

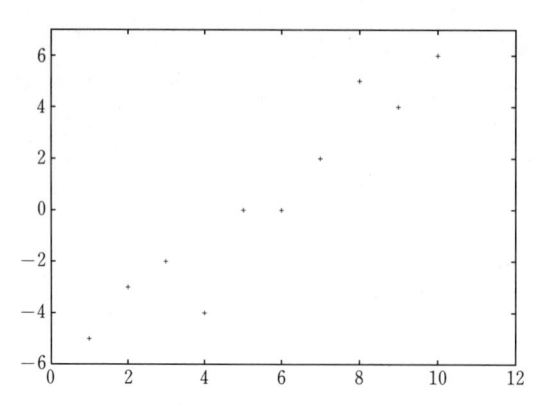

図 7.5 図 7.2 の完成版

② $\sum_{i=1}^{n}(x_i-\overline{x})^2=\boxed{20.25}+\boxed{12.25}+\boxed{6.25}+\boxed{2.25}+\boxed{0.25}+\boxed{0.25}+\boxed{2.25}+\boxed{6.25}$
$+\boxed{12.25}+\boxed{20.25}=\boxed{82.5}$

$\sum_{i=1}^{n}(y_i-\overline{y})^2=\boxed{134.4}$

$\sum_{i=1}^{n}(x_i-\overline{x})(y_i-\overline{y})=-\boxed{25.2}-\boxed{12.6}-\boxed{11.5}-\boxed{0.9}-\boxed{0.8}-\boxed{0.2}-\boxed{5.1}$
$-\boxed{13.5}-\boxed{8.4}-\boxed{19.8}=\boxed{-98}$

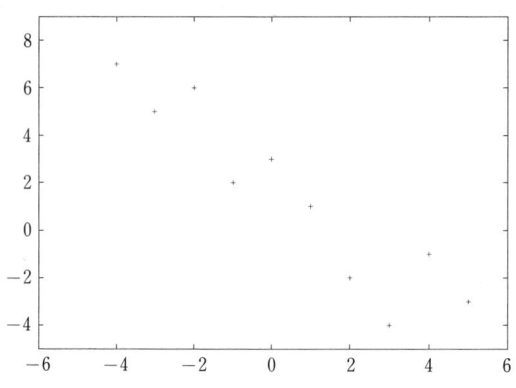

標本共分散 $=\dfrac{\boxed{-98}}{9}=\boxed{-10.89}$, 標本相関係数 $=\dfrac{\boxed{-98}}{\sqrt{\boxed{82.5}\times\boxed{134.4}}}=\boxed{-0.93}$

図 7.6 図 7.3 の完成版

③ $\overline{x}=\boxed{0}$, $\overline{y}=\boxed{0}$, $\sum_{i=1}^{n}(x_i-\overline{x})^2=\boxed{6}$, $\sum_{i=1}^{n}(y_i-\overline{y})^2=\boxed{6}$, $\sum_{i=1}^{n}(x_i-\overline{x})^2(y_i-\overline{y})^2=\boxed{0}$

標本共分散 $=\dfrac{\boxed{0}}{8}=\boxed{0}$, 標本相関係数 $=\dfrac{\boxed{0}}{\sqrt{\boxed{6}\times\boxed{6}}}=\boxed{0}$

図 7.7 図 7.4 の完成版

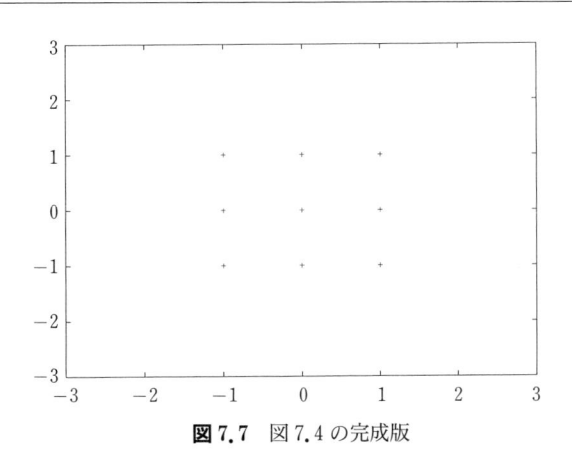

練習問題の答え

① 標本共分散 $=86/9=9.56$，標本相関係数 $=86/\sqrt{82.5\times 98}=0.96$．

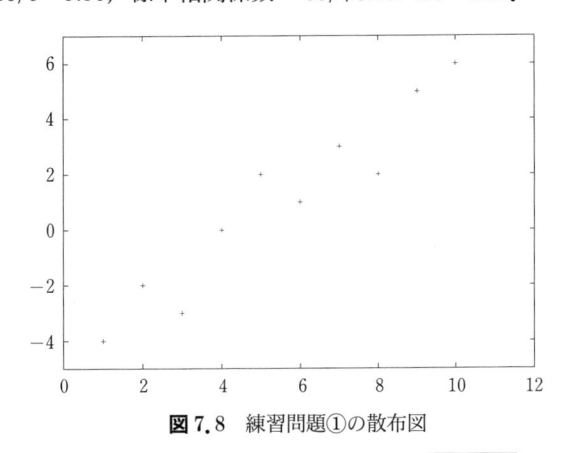

図 7.8 練習問題①の散布図

② 標本共分散 $=-67/9=-7.44$，標本相関係数 $=-67/\sqrt{82.5\times 78}=-0.84$．

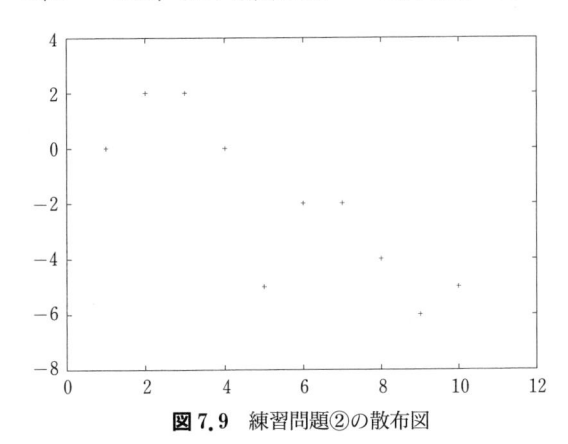

図 7.9 練習問題②の散布図

③ 標本共分散 $=21/8=2.63$，標本相関係数 $=21/\sqrt{20\times64}=0.59$．

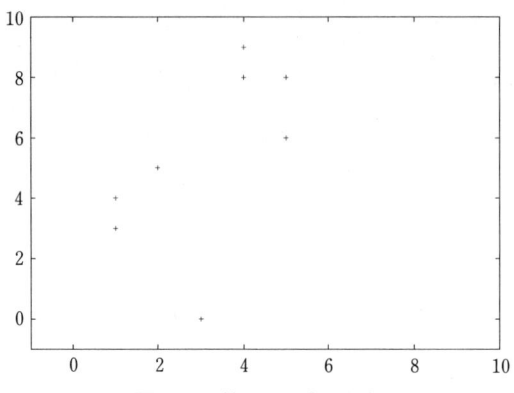

図 7.10 練習問題③の散布図

④ 標本共分散 $=120/8=15$，標本相関係数 $=120/\sqrt{240\times60}=1$．

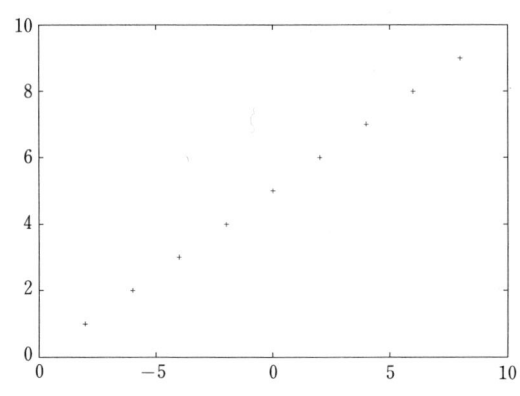

図 7.11 練習問題④の散布図

⑤ 標本共分散 $=0$，標本相関係数 $=0$．

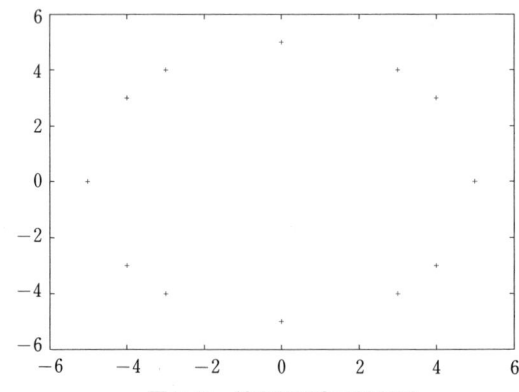

図 7.12 練習問題⑤の散布図

8 回帰直線

2変数データの場合，回帰直線を用いて観測値の関係を表現することがあります．ここでは，回帰直線の求め方の練習をしましょう．

定義と公式

回帰直線

観測値 $\{(x_1, y_1), (x_2, y_2), \cdots, (x_n, y_n)\}$ の散布図を描くと，変数間に直線的な関係がみられることがあります．このとき，「最小2乗法」という基準で当てはめた直線を，回帰直線といいます．回帰直線は，

$$y = a + bx$$

と表されます．このとき，「y を x に回帰する」といい，a, b は回帰係数と呼ばれ，以下の式で求められます（ただし，$\overline{x}$, $\overline{y}$ をそれぞれ x_i と y_i の標本平均値とします）．

$$a = \overline{y} - b\overline{x}, \quad b = \frac{\sum_{i=1}^{n}(x_i - \overline{x})(y_i - \overline{y})}{\sum_{i=1}^{n}(x_i - \overline{x})^2}$$

決定係数 (R^2)

決定係数 (R^2) とは，回帰直線の当てはまりの尺度で，0から1の値をとります．1に近いほど，より直線の当てはまりがよいことになります．今，観測値 x_i に対応する回帰直線上の点を $\widehat{y_i}$ とすると，決定係数は以下で計算されます．

$$\text{決定係数} = R^2 = \frac{\sum_{i=1}^{n}(\widehat{y_i} - \overline{y})^2}{\sum_{i=1}^{n}(y_i - \overline{y})^2}$$

公式の使い方（例）

観測値が $\{(y_i, x_i) = (29, 49), (32, 55), (30, 54), (31, 57), (33, 60)\}$ であるときの回帰直線と決定係数を求めます．

$$\overline{y} = \frac{29+32+30+31+33}{5} = 31, \quad \overline{x} = \frac{49+55+54+57+60}{5} = 55$$

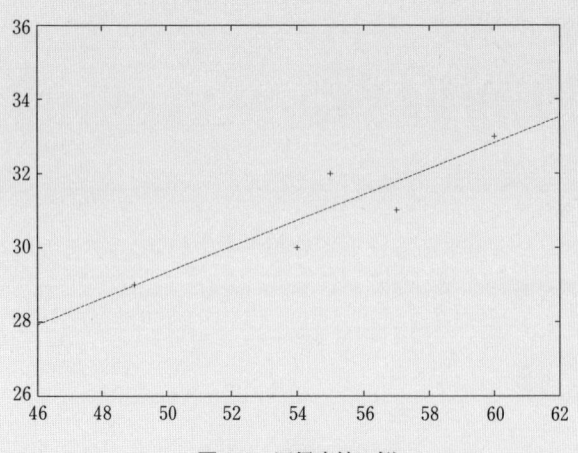

図 8.1 回帰直線の例

$$b=\frac{\sum_{i=1}^{5}(x_i-55)(y_i-31)}{\sum_{i=1}^{5}(x_i-55)^2}=\frac{12+0+1+0+10}{36+0+1+4+25}=0.348$$

$$a=\overline{y}-b\overline{x}=31-0.348\times55=11.83$$

$$\widehat{y}_1=11.83+0.35\times49=28.98$$

$$\widehat{y}_2=31.08,\ \widehat{y}_3=30.73,\ \widehat{y}_4=31.78,\ \widehat{y}_5=32.83$$

$$R^2=\frac{\sum_{i=1}^{5}(\widehat{y}_i-\overline{y})^2}{\sum_{i=1}^{5}(y_i-\overline{y})^2}=\frac{(-2.02)^2+(0.08)^2+(-0.27)^2+(0.78)^2+(1.83)^2}{4+1+1+0+4}=0.8117$$

まとめると，

$$y=11.83+0.35\times x,\ R^2=0.81$$

となります．

やってみましょう

以下，小数点以下第3位を四捨五入します．

ある家計の5年間の消費支出 (y_i) と所得 (x_i) が以下で与えられているとします．消費を所得に回帰してみましょう．

まず，y_i と x_i それぞれの標本平均値は ＿＿ と ＿＿ になります．次に，回帰係数を求めるために，表8.1を完成させます．この表の値を利用すれば，回帰係数はそれぞれ次式のようになります．

表 8.1 回帰係数計算の準備

年	y_i	x_i	$(y_i-\overline{y})^2$	$(x_i-\overline{x})^2$	$(x_i-\overline{x})(y_i-\overline{y})$
1998	45	66			
1999	44	68			
2000	47	69			
2001	48	70			
2002	51	72			
計					

$$b = \frac{\boxed{}}{\boxed{}} = \boxed{}, \quad a = \boxed{} - \boxed{} \times \boxed{} = \boxed{}$$

次に，決定係数を求めます．そのためには，各 x_i に対応する回帰直線上の点 $\hat{y}_i$ を求めることが必要です．以下の表を完成させましょう．

表 8.2 決定係数計算の準備

年	$\hat{y}_i$	$(\hat{y}_i-\overline{y})^2$
1998	43.7	10.89
1999		
2000		
2001		
2002		
計	—	

これより，R^2 は以下のようになります．

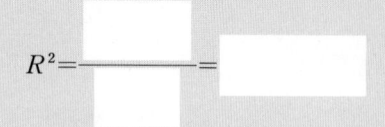

$$R^2 = \frac{}{} = $$

では，以下のグラフに，散布図と回帰直線を記入しましょう．

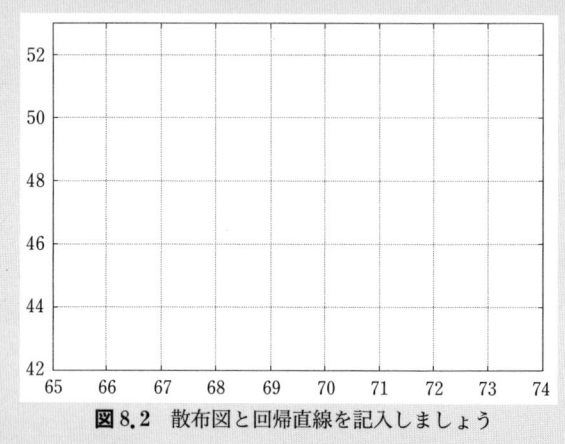

図8.2 散布図と回帰直線を記入しましょう

ところで，求められた回帰直線は，いくつかの重要な指標の計算に利用できます．ここでは，代表的な3つの指標を求めてみましょう．

限界性向

x が1単位増加したときの y の増分を y の x に対する限界性向といいます．回帰直線を用いると，限界性向は以下で求められます．

$$\text{限界性向} = \frac{dy_i}{dx_i} = b$$

平均性向

x に占める y の割合を y の x に対する平均性向といいます．回帰直線を用いると，平均性向は以下で求められます．

$$\text{平均性向} = \frac{y_i}{x_i} = \frac{a}{x_i} + b$$

上の式では，平均性向は x_i の値に依存するので，平均性向を $x_i = \bar{x}$ で評価したものがしばしば求められます．

弾力性

x が1%増加したときの y の増加率を，y の x に対する弾力性（弾性値）といいます．回帰直線を用いると，弾力性は次で求められます．

$$\text{弾力性} = \frac{dy_i/y_i}{dx_i/x_i} = \frac{bx_i}{y_i}$$

上の式では，弾力性は x_i, y_i の値に依存するので，弾力性を $x_i = \bar{x}$, $y_i = \bar{y}$ で評価したものがしばしば求められます．

では，ここで求めた回帰直線より，消費の所得に対する限界性向，平均性向，および，弾力性を求めてみましょう．限界性向は，回帰係数 b ですから，

$$\text{限界性向} = \boxed{}$$

となります．一方，平均性向を $\bar{x}$ で評価すれば，

$$\text{平均性向} = \frac{\boxed{}}{\boxed{}} + \boxed{} = \boxed{}$$

です．最後に，弾力性を $\bar{x}$, $\bar{y}$ で評価すると，

$$\text{弾力性} = \frac{\boxed{} \times \boxed{}}{\boxed{}} = \boxed{}$$

となります．

練習問題

以下，平均性向や弾力性向を求める場合は，観測値の標本平均値で評価した値を求めなさい．

① 表 8.3 は施肥量と，ある農作物の収穫量の関係を示したものである．収穫量を施肥量に回帰して回帰係数と決定係数を求め，散布図と回帰直線を図示せよ．また，収穫量の施肥量に対する限界性向，平均性向，弾力性を求めよ．

② 表 8.4 は施肥量と，ある農作物の収穫量の関係を示したものである．収穫量を施肥量に回帰して回帰係数と決定係数を求め，散布図と回帰直線を図示せよ．また，収穫量の施肥量に対する限界性向，平均性向，弾力性を求めよ．

表 8.3 収穫量と施肥量

収穫量	5	7	6	8	7
施肥量	3	4	5	6	7

表 8.4 収穫量と施肥量

収穫量	3	4	4	6	6
施肥量	10	12	14	16	18

③ 表 8.5 はある家計の 5 年間の所得と消費支出である．消費支出を所得に回帰して回帰係数と決定係数を求め，散布図と回帰直線を図示せよ．また，消費支出の所得に対する限界性向，平均性向，弾力性を求めよ．

④ 表8.6はある少年の5年間の身長と体重の推移を記録したものである．体重を身長に回帰して回帰係数と決定係数を求め，散布図と回帰直線を図示せよ．また，体重の身長に対する限界性向，平均性向，弾力性を求めよ．

表8.5 消費と所得

消費	48	48	50	51	53
所得	54	55	56	57	58

表8.6 体重と身長

体重	53	56	60	61	65
身長	155	157	160	163	170

答え

やってみましょうの答え

y_i と x_i のそれぞれの標本平均値は $\boxed{47}$ と $\boxed{69}$ になります．

表8.7 表8.1の完成版

年	y_i	x_i	$(y_i-\overline{y})^2$	$(x_i-\overline{x})^2$	$(x_i-\overline{x})(y_i-\overline{y})$
1998	45	66	4	9	6
1999	44	68	9	1	3
2000	47	69	0	0	0
2001	48	70	1	1	1
2002	51	72	16	9	12
計	235	345	30	20	22

$b = \dfrac{22}{20} = \boxed{1.1}$, $a = \boxed{47} - \boxed{1.1} \times \boxed{69} = \boxed{-28.9}$

表8.8 表8.2の完成版

年	$\hat{y}_i$	$(\hat{y}_i-\overline{y})^2$
1998	43.7	10.89
1999	45.9	1.21
2000	47	0
2001	48.1	1.21
2002	50.3	10.89
計	—	24.2

$R^2 = \dfrac{\boxed{24.2}}{\boxed{30}} = \boxed{0.81}$

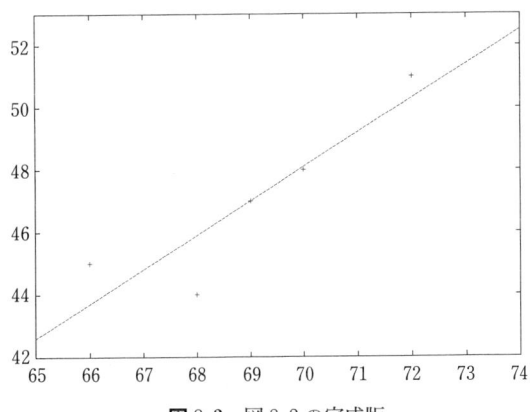

図 8.3 図 8.2 の完成版

限界性向 = $\boxed{1.1}$, 平均性向 = $\dfrac{\boxed{-28.9}}{\boxed{69}} + \boxed{1.1} = \boxed{0.68}$, 弾力性 = $\dfrac{\boxed{1.1} \times \boxed{69}}{\boxed{47}} = \boxed{1.61}$

練習問題の答え

① 回帰直線：$y = 4.1 + 0.5 \times x$, $R^2 = 0.48$, 限界性向 = 0.5, 平均性向 1.32, 弾力性 0.38

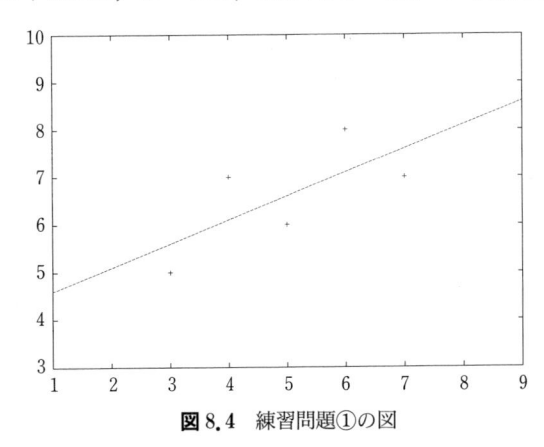

図 8.4 練習問題①の図

② 回帰直線：$y=-1+0.4\times x$, $R^2=0.89$, 限界性向 $=0.4$, 平均性向 0.33, 弾力性 1.22

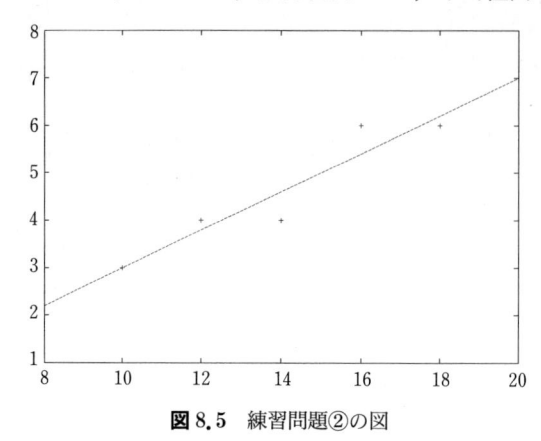

図 8.5 練習問題②の図

③ 回帰直線：$y=-22.8+1.3\times x$, $R^2=0.94$, 限界性向 $=1.3$, 平均性向 0.89, 弾力性 1.46

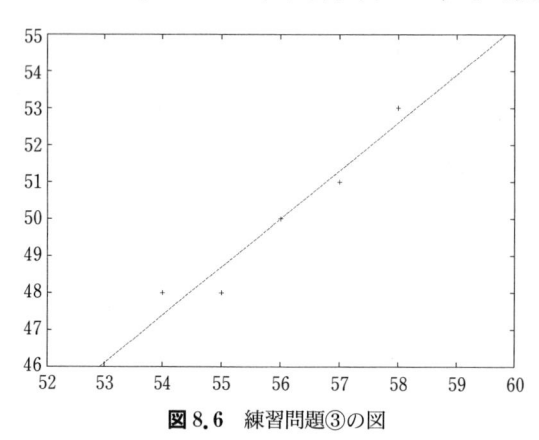

図 8.6 練習問題③の図

④ 回帰直線：$y=-63.5+0.76\times x$, $R^2=0.93$, 限界性向 $=0.76$, 平均性向 0.37, 弾力性 2.08

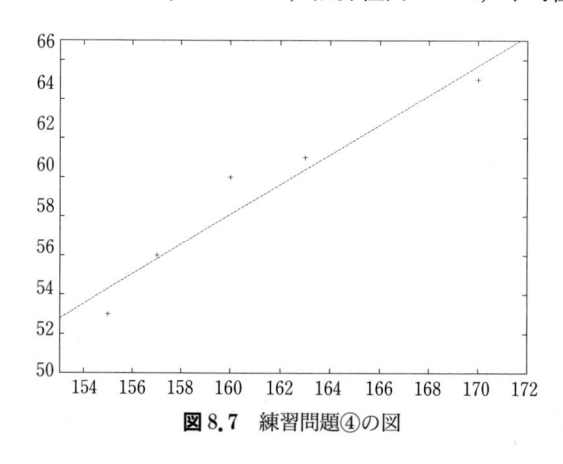

図 8.7 練習問題④の図

9 順列・組み合わせと確率

順列と組み合わせは物の並べ方の数を数えるのに便利です．ここでは，順列・組み合わせの数の数え方と確率の計算を練習しましょう．

定義と公式

順列

n 個のものから r 個を取り出して並べたものを順列といいます．順列は取り出された内容が同一でも，取り出される順番が異なる場合には，異なる順列であると考えます．n 個のものから r 個を取り出して並べる順列の総数は，以下のようになります．

$$_n\mathrm{P}_r = n \times (n-1) \times \cdots \times (n-r+1) = \frac{n!}{(n-r)!}$$

ただし，$n! = n \times (n-1) \times \cdots \times 1$，$0! = 1$ です．

組み合わせ

n 個のものから r 個を取り出したとき，取り出された r 個のものを組み合わせといいます．組み合わせは r 個の内容が同一ならば，取り出された順番には関係なく，同一の組み合わせであると考えます．組み合わせの総数は，以下のようになります．

$$_n\mathrm{C}_r = \frac{n!}{r!(n-r)!}$$

公式の使い方（例）

箱の中に，赤，青，白の 3 つの玉が入っているとします．この箱の中から 2 つの玉を取り出す順列は，(赤，青)，(赤，白)，(青，赤)，(青，白)，(白，赤)，(白，青) の 6 通りです．上の公式を使えば，

　　順列の総数 $=\ _3\mathrm{P}_2 = 3 \times 2 = 6$

と求まります．一方，この箱の中から 2 つの玉を取り出す組み合わせは，(赤，青)，(赤，白)，(青，白) の 3 通りです．上の公式を使うと，

$$組み合わせの総数 = \frac{3!}{2!1!} = \frac{3 \times 2 \times 1}{2 \times 1 \times 1} = 3$$

となります．このとき，赤玉が取り出される確率を考えると，赤玉を取り出す組み合わせは2通りあるので，求める確率は $\frac{2}{3}$ となります．

やってみましょう

① 箱の中に，赤，青，黄，白の4つの玉が入っているとします．この箱の中から3つの玉を取り出す順列は，

$$\square P \square = \frac{\square !}{\square !} = \square$$

通りとなります．一方，この箱の中から3つの玉を取り出す組み合わせは，

$$\square C \square = \frac{\square !}{\square ! \square !} = \square$$

通りとなります．

上の結果は確率の計算に応用されます．たとえば，取り出される玉の中に，赤玉が含まれる確率を考えてみましょう．赤玉はいつ取り出されてもかまわないので，組み合わせで考えます．赤玉が1つ取り出されれば，残りの2つはどの玉でもかまわないということになります．したがって，残りの3つの玉から2つの玉を取り出す組み合わせは，

$$\square C \square = \square$$

通りです．よって，3つの玉に赤玉が含まれる組み合わせは $\square$ 通りとなります．これより，赤玉が含まれる確率は，以下になります．

$$\frac{\square}{\square}$$

② 別の例を考えてみましょう．52枚のトランプから13枚のカードが配られたとき，ハートが6枚含まれる確率を考えます．この場合も，ハートが入っていれば順番は関係ないので，組み合わせで考えます．

まず，52枚のトランプから13枚のカードを選ぶ組み合わせは，

$$\square C \square$$

通りとなります．次に，ハートが6枚含まれる組み合わせを考えますが，52枚のトランプにはハートが13枚入っているので，この13枚のハートから6枚を選ぶ組み合わせは，

$$\square C \square$$

通りです．一方，残りの7枚のトランプはハート以外から選ばれなければなりません．ハート以外のトランプは全部で13×3＝39枚あるので，この39枚から7枚のトランプを選ぶ組み合わせは，

$$\square C \square$$

通りとなります．したがって，13枚のカードにハートが6枚入っている組み合わせは，

$$\square C \square \times \square C \square$$

通りですから，求める確率は，以下のようになります．

$$\frac{\square C \square \times \square C \square}{\square C \square}$$

練習問題

① 箱の中に，赤，白，黄，黒の4つの玉が入っている．この中から2つの玉を選ぶときの順列の総数と，組み合わせの総数をそれぞれ求めよ．

② 箱の中に，赤，白，黄，黒，緑の5つの玉が入っている．この中から3つの玉を選ぶときの順列の総数と，組み合わせの総数をそれぞれ求めよ．

③ 52枚のトランプから，10枚の札を選ぶときの順列の総数と，組み合わせの総数をそれぞれ求めよ．

④ 箱の中に，赤，白，黄，黒，緑の5つの玉が入っている．この中から2つの玉を選ぶとき，黒玉が含まれている確率を求めよ．

⑤ 箱の中に，赤，白，黄，黒の4つの玉が入っている．この中から3つの玉を選ぶとき，2番目に黒玉が選ばれる確率を求めよ．

⑥ 箱の中に，赤玉が2個，白玉が3個入っている．この中から3つの玉を選ぶとき，最初に赤玉が選ばれる確率を求めよ．

⑦ 52枚のトランプから10枚の札を選ぶとき，スペードが5枚含まれている確率を求めよ．

答え

やってみましょうの答え

① $_4P_3 = \dfrac{4!}{1!} = 24$, $_4C_3 = \dfrac{4!}{3!1!} = 4$, $_3C_2 = 3$，3つの玉に赤玉が含まれる組み合わせは 3 通りとなります．

赤玉が含まれる確率は $\dfrac{3}{4}$ となります．

② 52枚のトランプから13枚のカードを選ぶ組み合わせは $_{52}C_{13}$ となります．

13枚のハートから6枚を選ぶ組み合わせは $_{13}C_6$ 通りです．

39枚から7枚のトランプを選ぶ組み合わせは $_{39}C_7$ 通りとなります．

13枚のカードにハートが6枚入っている組み合わせは $_{13}C_6 \times _{39}C_7$ 通りですから求める確率は $\dfrac{_{13}C_6 \times _{39}C_7}{_{52}C_{13}}$ となります．

練習問題の答え

① 順列の総数は $_4P_2 = 12$ 通り，組み合わせの総数は $_4C_2 = 6$ 通り．

② 順列の総数は $_5P_3 = 60$ 通り，組み合わせの総数は $_5C_3 = 10$ 通り．

③ 順列の総数は $_{52}P_{10}$ 通り，組み合わせの総数は $_{52}C_{10}$ 通り．

④ 5つの玉から2つの玉を選ぶ組み合わせは $_5C_2 = 10$ 通り．一方，黒玉が選ばれる場合，他の1つを残りの4つの玉から選ぶので，黒玉を選ぶ組み合わせは $_4C_1 = 4$ 通り．したがって，求める確率は $4/10 = 2/5$．

⑤ 4つの玉から3つの玉を選ぶ順列の総数は $_4P_3 = 24$ 通り．一方，最初に黒玉以外を選ぶのは $_3P_1 = 3$ 通り．また，3番目には残りの2つから選ぶことになるが，この順列は $_2P_1 = 2$ 通り．したがって，黒玉を2番目に選ぶ順列は，$3 \times 2 = 6$ 通りなので，求める確率は $6/24 = 1/4$．

⑥ 5つの玉から3つの玉を選ぶ順列の総数は $_5P_3 = 60$ 通り．一方，最初に赤玉が選ばれる順列は $2 \times _4P_2 = 24$ 通りなので，求める確率は $24/60 = 2/5$．

⑦ 52枚のトランプから10枚のトランプを選ぶ組み合わせは $_{52}C_{10}$ 通り．一方，スペードを5枚選ぶ組み合わせは $_{13}C_5 \times _{39}C_5$ 通りなので，求める確率は $_{13}C_5 \times _{39}C_5 / _{52}C_{10}$．

10 条件つき確率と乗法定理

ここでは，確率の計算で頻繁に使われる，条件つき確率の計算を練習します．

定義と公式

条件つき確率

ある事象 A が起きたという条件の下で B が起きる確率を，A のもとでの B の条件つき確率といい，$P(B|A)$ と表します．

乗法定理

条件つき確率を用いると，以下の乗法定理が成り立ちます．

$$P(A \cap B) = P(A)P(B|A)$$
$$= P(B)P(A|B)$$

公式の使い方（例）

2つのサイコロを投げて，2つの目の和が4である，という条件の下で，2つの目が等しくなる確率を考えます．$A = \{2つの目の和が4である\}$，$B = \{2つの目が等しい\}$ とすると，求める確率は $P(B|A)$ となります．まず，2つのサイコロの目の出方は全部で $6 \times 6 = 36$ 通りです．一方，2つの目の和が4となるのは，$\{1, 3\}, \{2, 2\}, \{3, 1\}$ の3通りなので，

$$P(A) = \frac{3}{36} = \frac{1}{12}$$

となります．また，2つの目の和が4で，なおかつ，2つの出目が等しいのは $\{2, 2\}$ の1通りしかないので，

$$P(A \cap B) = \frac{1}{36}$$

となります．したがって，求める条件つき確率は，乗法定理を用いれば，以下のようになります．

$$P(B|A) = \frac{P(A \cap B)}{P(A)} = \frac{1/36}{1/12} = \frac{1}{3}$$

やってみましょう

① 2つのサイコロを投げて，2つの目の和が6である，という条件の下で，2つの目が等しくなる確率を考えます．$A=\{2つの目の和が6である\}$，$B=\{2つの目が等しい\}$とすると，求める確率は$P(B|A)$となります．まず，2つのサイコロの目の出方は全部で[　]通りです．一方，2つの目の和が6となるのは，全部で[　]通りなので，

$$P(A)=\frac{\boxed{}}{\boxed{}}$$

となります．また，2つの目の和が6で，なおかつ，2つの出目が等しいのは[　]通りあるので，

$$P(A\cap B)=\frac{\boxed{}}{\boxed{}}$$

となります．したがって，求める条件つき確率は，乗法定理を用いれば，

$$P(B|A)=\frac{P(A\cap B)}{P(A)}=\frac{\boxed{}}{\boxed{}}=\frac{\boxed{}}{\boxed{}}$$

となります．

② 別の例で考えましょう．今，52枚のトランプから4枚のカードを引いて，少なくとも1枚はハートであったとします．このとき，2枚以上がハートである確率を求めてみましょう．$A=\{少なくとも1枚はハートである\}$，$B=\{2枚以上がハートである\}$とすると，求める確率は$P(B|A)$となります．まず，52枚のトランプから4枚を選ぶ組み合わせは全部で[　]通りです．一方，確率の性質より，

$$P(A)=1-P(Aの余事象)$$

であることに注目して $P(A)$ を求めます．A の余事象は，「1枚もハートが含まれない」ということですから，これはハート以外の39枚の札から4枚を引く事象ということになります．したがって，

$$P(A)=1-\frac{\boxed{}}{\boxed{}}$$

となります．また，明らかに $B \subset A$ ですから $P(A \cap B)=P(B)$ となるので，事象 B が起こる確率を求めます．事象 A の場合と同様に，

$$P(B)=1-P(Bの余事象)$$

を利用します．B の余事象は，「ハートが高々1枚しか含まれていない」ということなので，「ハートが1枚も含まれていない」という事象と「ハートが1枚だけ含まれている」という，互いに排反な事象の和事象となっています．「ハートが1枚も含まれていない」ということは，ハート以外の39枚の札から4枚すべて選ぶということなので，全部で $\boxed{}$ 通りの組み合わせがあります．一方，「ハートが1枚だけ含まれている」という組み合わせは，13枚のハートから1枚，39枚のハート以外の札から3枚選んだということなので，$\boxed{} \times \boxed{}$ 通りあります．したがって，

$$P(A \cap B)=P(B)=1-\frac{\boxed{}+\boxed{} \times \boxed{}}{\boxed{}}$$

となります．これより，条件つき確率は以下のようになります．

$$P(B|A)=\frac{P(A \cap B)}{P(A)}=\frac{{}_{52}C_4-\boxed{}-\boxed{} \times \boxed{}}{{}_{52}C_4-\boxed{}}$$

> 「高々(たかだか)」は数学ではよく用いられる言い方です．意味は普通に考えてよく，その個数がそれ以下，多くてそこまでといった意味です．

練習問題

① コインを2回投げて，最初に表が出た，という条件の下で，2回目に表が出る確率を求めよ．

② 2つのサイコロを投げて，2つの目の和が8である，という条件の下で，2つの目が等しくなる確率を求めよ．

③ 2つのサイコロを投げて，2つの目の和が8である，という条件の下で，2つの目がともに偶数である確率を求めよ．

④ 2つのサイコロを投げて，少なくとも一方の目が1である，という条件の下で，出た目の和が4以下である確率を求めよ．

⑤ 52枚のトランプから4枚のカードを引くとき，4枚のうち少なくとも3枚がハートである，という条件の下で，すべてが赤札である確率を求めよ．

⑥ 52枚のトランプから5枚のカードを引くとき，5枚のうちキングが1枚だけある，という条件の下で，すべてが黒札である確率を求めよ．

⑦ 100個のくじの中で，当たりくじが10個あるとする．くじを3回引いたとき，少なくとも1枚当たりを引いていたとする．この条件の下で，当たりを2枚以上引いている確率を求めよ．

答え

やってみましょうの答え

① 2つのサイコロの目の出方は全部で $\boxed{36}$ 通りです．

2つの目の和が6となるのは，全部で $\boxed{5}$ 通りなので，

$P(A) = \dfrac{\boxed{5}}{\boxed{36}}$ となります．

2つの目の和が6で，なおかつ，2つの出目が等しいのは $\boxed{1}$ 通りあるので，

$P(A \cap B) = \dfrac{\boxed{1}}{\boxed{36}}$ となります．

$$P(B|A) = \dfrac{\boxed{\dfrac{1}{36}}}{\boxed{\dfrac{5}{36}}} = \boxed{\dfrac{1}{5}}$$

② 52枚のトランプから4枚を選ぶ組み合わせは全部で $_{52}C_4$ 通りです．

$$P(A) = 1 - \frac{{}_{39}C_4}{{}_{52}C_4}$$

「ハートが1枚も含まれていない」組み合わせは全部で $_{39}C_4$ 通りあります．

「ハートが1枚だけ含まれている」組み合わせは，$_{13}C_1 \times {}_{39}C_3$ 通りあります．

$$P(A \cap B) = 1 - \frac{{}_{39}C_4 + {}_{13}C_1 \times {}_{39}C_3}{{}_{52}C_4}$$

$$P(B|A) = \frac{{}_{52}C_4 - {}_{39}C_4 - {}_{13}C_1 \times {}_{39}C_3}{{}_{52}C_4 - {}_{39}C_4}$$

練習問題の答え

① $A = \{1回目に表が出る\}$，$B = \{2回目に表が出る\}$ とする．コインの表・裏の出方は全部で4通りである．事象 A は，$\{表, 表\}$，$\{表, 裏\}$ の2通りであるから，$P(A) = \frac{2}{4} = \frac{1}{2}$ となる．一方，$A \cap B$ は，1回目も2回目も表となる1通りしかないので，$P(A \cap B) = \frac{1}{4}$ となる．したがって，求める確率は，$P(B|A) = \frac{\frac{1}{4}}{\frac{1}{2}} = \frac{1}{2}$ となる．

② $A = \{2つの目の和が8である\}$，$B = \{2つの目が等しい\}$ とする．事象 A は，$\{2, 6\}$，$\{3, 5\}$，$\{4, 4\}$，$\{5, 3\}$，$\{6, 2\}$ の5通りであるから，$P(A) = \frac{5}{36}$ となる．一方，$A \cap B$ は，$\{4, 4\}$ の1通りなので，$P(A \cap B) = \frac{1}{36}$ となる．したがって，求める確率は，$P(B|A) = \frac{\frac{1}{36}}{\frac{5}{36}} = \frac{1}{5}$ となる．

③ 事象 A は前問と同じで $C = \{2つの目がともに偶数である\}$ とすると，$A \cap C$ は，$\{2, 6\}$，$\{4, 4\}$，$\{6, 2\}$ の3通りであるから，$P(A \cap C) = \frac{3}{36}$ となる．したがって，求める確率は，$P(C|A) = \frac{\frac{3}{36}}{\frac{5}{36}} = \frac{3}{5}$ となる．

④ $A = \{少なくとも一方の目が1である\}$，$B = \{出た目の和が4以下である\}$ とする．A の事象は，最初に1が出て2回目に1以外の目が出る(5通り)か，最初に1以外の目が出て2回目に1が出る(5通り)か，もしくは，1回目も2回目も1が出る(1通り)，という事象であるから，

$P(A) = \frac{11}{36}$ である．一方，$A \cap B$ は，$\{1, 1\}$，$\{1, 2\}$，$\{1, 3\}$，$\{2, 1\}$，$\{3, 1\}$ の 5 通りとなるので，$P(A \cap B) = \frac{5}{36}$ となる．したがって，求める確率は，$P(B|A) = \dfrac{\frac{5}{36}}{\frac{11}{36}} = \frac{5}{11}$ となる．

⑤ $A = \{$少なくとも 3 枚がハート$\}$，$B = \{$すべてが赤札$\}$ とする．52 枚の札から 4 枚の札を引くのは全部で ${}_{52}C_4$ 通りの組み合わせである．事象 A は，3 枚がハートで 1 枚がハート以外の札か，4 枚ともハートである場合である．前者だと，13 枚のハートから 3 枚を選び，39 枚のハート以外の札から 1 枚を選ぶ場合なので，組み合わせの総数は ${}_{13}C_3 \times {}_{39}C_1$ 通りである．一方，後者は 13 枚のハートから 4 枚を選ぶ組み合わせなので，これは ${}_{13}C_4$ 通りである．したがって，$P(A) = \dfrac{({}_{13}C_3 \times {}_{39}C_1 + {}_{13}C_4)}{{}_{52}C_4}$ となる．一方，$A \cap B$ という事象は，3 枚がハートで 1 枚がダイヤである，もしくは，4 枚すべてがハートである，という事象である．前者は，13 枚のハートから 3 枚選び，13 枚のダイヤから 1 枚の札を選ぶ，ということなので，組み合わせは ${}_{13}C_3 \times {}_{13}C_1$ 通りである．後者は先ほどと同様に，${}_{13}C_4$ 通りとなる．したがって，$P(A \cap B) = \dfrac{({}_{13}C_3 \times {}_{13}C_1 + {}_{13}C_4)}{{}_{52}C_4}$ となる．これより，求める確率は，$P(B|A) = \dfrac{{}_{13}C_3 \times {}_{13}C_1 + {}_{13}C_4}{{}_{13}C_3 \times {}_{39}C_1 + {}_{13}C_4}$ となる．

⑥ $A = \{$キングが 1 枚だけである$\}$，$B = \{$すべてが黒札である$\}$ とする．52 枚の札から 5 枚の札を引くのは全部で ${}_{52}C_5$ 通りの組み合わせである．事象 A は，4 枚のキングから 1 枚を選び，キング以外の 48 枚から 4 枚を選ぶ，という事象であるから，その組み合わせは $4 \times {}_{48}C_4$ 通りである．したがって，$P(A) = \dfrac{4 \times {}_{48}C_4}{{}_{52}C_5}$ となる．一方，$A \cap B$ という事象は，黒札のキングを 1 枚と，キング以外の 24 枚の黒札から 4 枚を選ぶ，という事象であるから，その組み合わせは $2 \times {}_{24}C_4$ 通りとなる．したがって，$P(A \cap B) = \dfrac{2 \times {}_{24}C_4}{{}_{52}C_5}$ 通りとなる．以上より，求める確率は，$P(B|A) = \dfrac{{}_{24}C_4}{2 \times {}_{48}C_4}$ である．

⑦ $A = \{$少なくとも 1 枚が当たりくじである$\}$，$B = \{$2 枚以上が当たりくじである$\}$ とする．100 個のくじから 3 個を引く組み合わせは，${}_{100}C_3$ 通りである．事象 A は，「1 枚も当たりくじがない」という事象の排反事象であるが，これは，90 枚のはずれくじから 3 枚を引くことになるので，組み合わせは ${}_{90}C_3$ 通りである．したがって，$P(A) = 1 - P(A^c) = 1 - \dfrac{{}_{90}C_3}{{}_{100}C_3}$ となる．一方，$A \cap B = B$ であるから，これは当たりが 2 枚か 3 枚という事象である．したがって，その組み合わせは，${}_{10}C_2 \times {}_{90}C_1 + {}_{10}C_3$ 通りとなるので，$P(A \cap B) = \dfrac{({}_{10}C_2 \times {}_{90}C_1 + {}_{10}C_3)}{{}_{100}C_3}$ である．以上より，求める確率は，$P(B|A) = \dfrac{{}_{10}C_2 \times {}_{90}C_1 + {}_{10}C_3}{{}_{100}C_3 - {}_{90}C_3}$ である．

11 確率変数と期待値

ここでは，確率変数とその期待値の計算方法について勉強しましょう．

定義と公式

確率変数

確率変数とは，物事の現象を観測しているときに，不規則に変動する量のことです．

離散確率変数と確率関数

とり得る実現値が有限個しかない確率変数を，離散確率変数といいます．離散確率変数 X の実現値を $\{x_1, x_2, \cdots, x_n\}$ とし，各実現値の起こる確率を $P(X=x_1)=p(x_1)$, $P(X=x_2)=p(x_2)$, $\cdots$, $P(X=x_n)=p(x_n)$ としたとき，$p(x_i)$ を確率関数といいます．また，$F(x)=P(X \leq x)$ を（累積確率）分布関数といいます．

連続確率変数と密度関数

とり得る実現値が連続である確率変数を，連続確率変数といいます．連続確率変数を X としたとき，$F(x)=P(X \leq x)$ を（累積）分布関数といい，分布関数の導関数，$f(x)=\mathrm{d}F(x)/\mathrm{d}x$ を（確率）密度関数といいます．

確率変数の期待値と分散

	離散確率変数	連続確率変数
期待値	$E[X]=\sum_{i=1}^{n} x_i p(x_i)$	$E[X]=\int_{-\infty}^{\infty} x f(x)\mathrm{d}x$
分散	$V[X]=\sum_{i=1}^{n}(x_i-E[X])^2 p(x_i)$	$V[X]=\int_{-\infty}^{\infty}(x-E[X])^2 f(x)\mathrm{d}x$

なお，分散は，離散・連続確率変数，どちらの場合でも，以下の公式で求めることもできます．

$$V[X]=E[X^2]-(E[X])^2 \tag{11.1}$$

公式の使い方（例）

離散確率変数 X のとり得る実現値が -1 と 1 だけで，確率関数が $p(-1)=\dfrac{1}{2}$, $p(1)=\dfrac{1}{2}$ であるときの期待値と分散は，次の通りです．

$$E[X]=-1\times\frac{1}{2}+1\times\frac{1}{2}=0, \quad V[X]=(-1-0)^2\times\frac{1}{2}+(1-0)^2\times\frac{1}{2}=1$$

また，連続確率変数 Y の密度関数が，$0\leq y\leq 1$ で $f(y)=1$，その他の区間では $f(y)=0$ であるときの期待値と分散は次の通りです．

$$E[Y]=\int_{-\infty}^{\infty}y\cdot f(y)\mathrm{d}y=\int_0^1 y\mathrm{d}y=\frac{1}{2}$$

$$V[Y]=\int_{-\infty}^{\infty}\left(y-\frac{1}{2}\right)^2 f(y)\mathrm{d}y=\int_0^1\left(y-\frac{1}{2}\right)^2\mathrm{d}y=\frac{1}{12}$$

やってみましょう

① 離散確率変数 X の実現値が 1, 2, 3, 4 で，確率関数が，

$$p(1)=\frac{2}{5}, \quad p(2)=\frac{3}{10}, \quad p(3)=\frac{1}{5}, \quad p(4)=\frac{1}{10}$$

であるとします．X の期待値は以下のように計算されます．

$$E[X]=1\times\frac{2}{5}+\boxed{}\times\frac{\boxed{}}{\boxed{}}+\boxed{}\times\frac{\boxed{}}{\boxed{}}+\boxed{}\times\frac{\boxed{}}{\boxed{}}=\boxed{}$$

分散は，(11.1) 式を用いて求めてみましょう．まず，

$$E[X^2]=\boxed{}\times\frac{2}{5}+2^2\times\frac{3}{10}+\boxed{}\times\frac{\boxed{}}{\boxed{}}+\boxed{}\times\frac{\boxed{}}{\boxed{}}=\boxed{}$$

となるので，

$$V[X]=\boxed{}-\boxed{}=\boxed{}$$

と求めることができます．

② 次に，連続確率変数 X の期待値と分散を求めてみましょう．

$$f(x)=\begin{cases}2x & : 0\leq x\leq 1\\ 0 & : x<0,\ x>1\end{cases}$$

が，X の密度関数であるとき，X の期待値は，

$$E[X] = \int_0^1 \boxed{} \times \boxed{} \, dx = \boxed{}$$

となります．なお，上の式では，積分範囲をあらかじめ0から1までに変更しています．分散は(11.1)式を使って求めてみましょう．

$$E[X^2] = \int_0^1 \boxed{} \times (2x) \, dx = \boxed{}$$

ですから，

$$V[X] = \boxed{} - \boxed{} = \boxed{}$$

と求めることができます．

練習問題

① 離散確率変数 X の実現値が $\{-2, 2\}$ で，確率関数が $p(-2) = \frac{1}{2}$, $p(2) = \frac{1}{2}$ で与えられているとき，X の期待値と分散を求めよ．

② 離散確率変数 X の実現値が $\{0, 1\}$ で，確率関数が $p(0) = \frac{1}{2}$, $p(1) = \frac{1}{2}$ で与えられているとき，X の期待値と分散を求めよ．

③ 離散確率変数 X の実現値が $\{1, 2, 3, 4, 5\}$ で，確率関数が $p(1) = \frac{1}{10}$, $p(2) = \frac{1}{10}$, $p(3) = \frac{1}{5}$, $p(4) = \frac{3}{10}$, $p(5) = \frac{3}{10}$ で与えられているとき，X の期待値と分散を求めよ．

④ 離散確率変数 X の実現値が $\{0, 1\}$ で，確率関数が $p(0) = 1 - k$, $p(1) = k$（k は $0 < k < 1$ の定数）で与えられているとき，X の期待値と分散を求めよ．

⑤ 連続確率変数 X の密度関数が，次のように与えられているとき，X の期待値と分散を求めよ．

(1)
$$f(x) = \begin{cases} \frac{1}{2} & : 0 \le x \le 2 \\ 0 & : x < 0, \ x > 2 \end{cases}$$

(2)
$$f(x) = \begin{cases} 4x^3 & : 0 \le x \le 1 \\ 0 & : x < 0, \ x > 1 \end{cases}$$

(3)
$$f(x) = \begin{cases} x & : 0 \leq x \leq 1 \\ 2-x & : 1 \leq x \leq 2 \\ 0 & : x < 0,\ x > 2 \end{cases}$$

答え

やってみましょうの答え

① $E[X] = 1 \times \dfrac{2}{5} + \boxed{2} \times \dfrac{3}{10} + \boxed{3} \times \dfrac{1}{5} + \boxed{4} \times \dfrac{1}{10} = \boxed{2}$

$E[X^2] = \boxed{1^2} \times \dfrac{2}{5} + 2^2 \times \dfrac{3}{10} + \boxed{3^2} \times \dfrac{1}{5} + \boxed{4^2} \times \dfrac{1}{10} = \boxed{5}$, $V[X] = \boxed{5} - \boxed{2^2} = \boxed{1}$

② $E[X] = \int_0^1 \boxed{x} \times \boxed{2x}\, dx = \boxed{\dfrac{2}{3}}$, $E[X^2] = \int_0^1 \boxed{x^2} \times (2x)\, dx = \boxed{\dfrac{1}{2}}$

$V[X] = \boxed{\dfrac{1}{2}} - \boxed{\left(\dfrac{2}{3}\right)^2} = \boxed{\dfrac{1}{18}}$

練習問題の答え

① $E[X] = -2 \times \dfrac{1}{2} + 2 \times \dfrac{1}{2} = 0$. また，$E[X^2] = 4 \times \dfrac{1}{2} + 4 \times \dfrac{1}{2} = 4$ より，$V[X] = 4 - 0^2 = 4$.

② $E[X] = 0 \times \dfrac{1}{2} + 1 \times \dfrac{1}{2} = \dfrac{1}{2}$. また，$E[X^2] = 0 \times \dfrac{1}{2} + 1 \times \dfrac{1}{2} = \dfrac{1}{2}$ より，$V[X] = \dfrac{1}{2} - \left(\dfrac{1}{2}\right)^2 = \dfrac{1}{4}$.

③ $E[X] = 1 \times \dfrac{1}{10} + 2 \times \dfrac{1}{10} + 3 \times \dfrac{1}{5} + 4 \times \dfrac{3}{10} + 5 \times \dfrac{3}{10} = \dfrac{18}{5}$. また，$E[X^2] = 1 \times \dfrac{1}{10} + 4 \times \dfrac{1}{10} + 9 \times \dfrac{1}{5} + 16 \times \dfrac{3}{10} + 25 \times \dfrac{3}{10} = \dfrac{73}{5}$ より，$V[X] = \dfrac{73}{5} - \left(\dfrac{18}{5}\right)^2 = \dfrac{41}{25}$.

④ $E[X] = 0 \times (1-k) + 1 \times k = k$. また，$E[X^2] = 0 \times (1-k) + 1 \times k = k$ より，$V[X] = k(1-k)$.

⑤ (1) $E[X] = \int_0^2 x \cdot \left(\dfrac{1}{2}\right) dx = 1$. また，$E[X^2] = \int_0^2 x^2 \cdot \left(\dfrac{1}{2}\right) dx = \dfrac{4}{3}$ より，$V[X] = \dfrac{1}{3}$.

(2) $E[X] = \int_0^1 x \cdot (4x^3)\, dx = \dfrac{4}{5}$. また，$E[X^2] = \int_0^1 x^2 \cdot (4x^3)\, dx = \dfrac{2}{3}$ より，$V[X] = \dfrac{2}{75}$.

(3) $E[X] = \int_0^1 x \cdot x\, dx + \int_1^2 x \cdot (2-x)\, dx = 1$. また，$E[X^2] = \int_0^1 x^2 \cdot x\, dx + \int_1^2 x^2 \cdot (2-x)\, dx = \dfrac{7}{6}$ より，$V[X] = \dfrac{7}{6} - 1 = \dfrac{1}{6}$.

12　2項分布とポアソン分布

ここでは，2項分布とポアソン分布について勉強しましょう．

定義と公式

2項分布

成功する確率が p である実験を独立に n 回繰り返したときの成功回数を X とします．このとき，X は以下の確率関数をもつことが知られています．

$$p(x) = P(X=x) = {}_n C_x p^x (1-p)^{n-x}, \ (x=0,\ 1,\ 2,\ \cdots,\ n)$$

このとき，X は2項分布に従うといい，$X \sim B(n,\ p)$ と記します．X が2項分布に従うとき，$E[X]=np$，$V[X]=np(1-p)$ となります．$n=1$ の2項分布は特にベルヌーイ分布と呼ばれます．

ポアソン分布

実現値が $0,\ 1,\ 2,\ 3,\ \cdots$ である確率変数 X が以下の確率関数をもつとき，X はポアソン分布に従うといい，$X \sim P_o(\lambda)$ と記します．

$$p(x) = P(X=x) = \frac{e^{-\lambda} \lambda^x}{x!} \quad (\lambda は \lambda > 0 \text{ の定数})$$

このとき，$E[X]=\lambda$，$V[X]=\lambda$ となります．確率変数 X が，特定の時間内に起こる出来事の回数（1時間にかかってくる電話の回数，1日の交通事故死亡者の数など）を表すとき，X の分布はポアソン分布に従うとみなされます．ここで，定数 λ は，単位時間当たりに出来事が起こる回数を表現しています．

公式の使い方（例）

① $X \sim B(3,\ 0.5)$ のとき，

$$P(X \leq 1) = \sum_{x=0}^{1} {}_3 C_x 0.5^x 0.5^{3-x} = 0.5$$

② $X \sim P_o(2)$ のとき，

$$P(X \leq 1) = \sum_{x=0}^{1} \frac{e^{-2} 2^x}{x!} = 3e^{-2} = 0.406 \cdots$$

やってみましょう

① 以下，小数点以下第3位を四捨五入します．まずは，2項分布とポアソン分布の分布関数の計算を練習しましょう．

$X \sim B(2, 0.4)$ のとき，

$$P(X \leq 1) = \sum_{x=\boxed{}}^{\boxed{}} {}_{\boxed{}}C_x \boxed{}^x \boxed{}^{2-x}$$

$$= {}_2C_0 0.4^0 0.6^2 + \boxed{}C\boxed{} 0.4\boxed{} 0.6\boxed{} = \boxed{}$$

一方，$X \sim P_o(3)$ のとき，

$$P(X \leq 1) = \sum_{x=0}^{1} \frac{e^{\boxed{}} \boxed{}^x}{x!}$$

> 最後の数値を概数としてでも求めるには何らかの計算機の助けが必要です．

$$= \frac{e^{\boxed{}} \boxed{}^0}{0!} + \frac{e^{\boxed{}} \boxed{}}{\boxed{}} = \boxed{}$$

② 次に，具体的な問題を解いてみましょう．

ある人がダーツの矢を投げると，平均して5回に1回，的に命中するとします．このとき，4回投げて3回以上当たる確率を求めてみましょう．

1回ごとのダーツで，的に命中すれば1，外れれば0とすると，的に当たる回数 X は2項分布に従うことになります．今，的に命中する確率は $\boxed{}$ ですから，$X \sim \boxed{}$ となります．これより，的に3回以上当たる確率は，以下のようになります．

$$P(X \geq 3) = \sum_{x=\boxed{}}^{\boxed{}} {}_{\boxed{}}C_x \boxed{}^x \boxed{}^{\boxed{}-x}$$

$$= \boxed{}C_3 \boxed{}^3 \boxed{} + \boxed{}C\boxed{} \boxed{}$$

$$= \boxed{}$$

③ 別の問題を考えましょう．ある喫茶店には，1時間に平均4人の客が来るとします．この喫茶店に，2時間で3人以上客が来る確率を求めて見ましょう．

2時間に訪れる客の人数を X とすると，X はポアソン分布に従うと考えられます．今，1時間に平均4人の客が来るのですから，2時間では平均 $\boxed{}$ 人の客が来ることになります．したがって，$X \sim P_o(\boxed{})$ と考えられるので，2時間で3人以上客が来る確率は，

$$P(X\geq 3)=1-P(X\leq \boxed{})$$

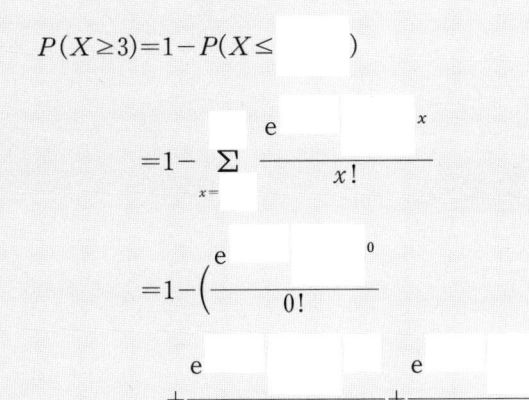

$$=1-\sum_{x=\boxed{}}^{\boxed{}} \frac{e^{\boxed{}}\boxed{}^x}{x!}$$

$$=1-\left(\frac{e^{\boxed{}}\boxed{}^0}{0!}+\frac{e^{\boxed{}}\boxed{}}{1!}+\frac{e^{\boxed{}}\boxed{}}{\boxed{}}\right)=\boxed{}$$

> ここでも最後の数字を概数にして求めるには，計算機の助けが必要です．特にそう求められていないのなら文字を残したままで，「答え」として大丈夫です．むしろその方が「正確」です．

となります．

練習問題

① $X \sim B(4, 0.1)$ のとき，$P(X\leq 1)$ を求めよ．

② $X \sim B(3, 0.5)$ のとき，$P(X\geq 1)$ を求めよ．

③ $X \sim P_o(2)$ のとき，$P(X\leq 1)$ を求めよ．

④ $X \sim P_o(5)$ のとき，$P(X\geq 1)$ を求めよ．

⑤ A さんは縁日で射的を行うと，4 回に 1 回は景品を得られるとしよう．5 回射的を行って，景品が高々 1 個しかもらえない確率を求めよ．

⑥ 打率 2 割 5 分のバッターが，4 打席中，ヒットが少なくとも 1 本打てる確率を求めよ．

⑦ あるサッカー選手が，PK を 5 回中 4 回決めることができるとする．この選手が 1 試合中 2 回の PK を蹴ったとき，少なくとも 1 点は得点できる確率を求めよ．

⑧ あるお店には，1 時間に 2 人の割合で客が訪れるとする．この店に，2 時間で 2 人以上の客が訪れる確率を求めよ．

⑨ A 市では，1 日平均 1 件の交通事故が起きている．この県で，3 日間事故がまったく起こらない確率を求めよ．

⑩ ある通販会社では，2 時間に平均 6 件の注文電話がかかってくる．この会社に，1 時間に 2 件以上の注文電話がかかる確率を求めよ．

答え

やってみましょうの答え

① $X \sim B(2, 0.4)$ のとき，

$$P(X\leq 1)=\sum_{x=\boxed{0}}^{\boxed{1}}{}_{\boxed{2}}C_x\,0.4^{\boxed{x}}\,0.6^{2-x}={}_2C_0 0.4^0 0.6^2+{}_{\boxed{2}}C_{\boxed{1}}0.4^{\boxed{1}}0.6^{\boxed{1}}=\boxed{0.84}$$

$X\sim P_o(3)$ のとき, $P(X\leq 1)=\sum_{x=0}^{1}\dfrac{e^{\boxed{-3}}\boxed{3}^x}{x!}=\dfrac{e^{\boxed{-3}}\boxed{3}^0}{0!}+\dfrac{e^{\boxed{-3}}\boxed{3}^{\boxed{1}}}{\boxed{1!}}=\boxed{4e^{-3}\,(\simeq 0.20)}$

② 的に命中する確率は $\boxed{0.2}$ で, $X\sim \boxed{B(4,\,0.2)}$ となります.

$$P(X\geq 3)=\sum_{x=\boxed{3}}^{\boxed{4}}{}_{\boxed{4}}C_x\,0.2^x\,0.8^{\boxed{4}-x}$$
$$={}_4C_3\,0.2^3\,0.8^{\boxed{1}}+{}_{\boxed{4}}C_{\boxed{4}}\,0.2^{\boxed{4}}\,0.8^{\boxed{0}}=\boxed{0.03}$$

③ 2時間では平均 $\boxed{8}$ 人の客が来ることになります. したがって, $X\sim P_o(\boxed{8})$ と考えられるので, 2時間で3人以上客が来る確率は, $P(X\geq 3)=1-P(X\leq\boxed{2})=1-\sum_{x=\boxed{0}}^{\boxed{2}}\dfrac{e^{\boxed{-8}}\boxed{8}^x}{x!}$

$$=1-\left(\dfrac{e^{\boxed{-8}}\boxed{8}^0}{0!}+\dfrac{e^{\boxed{-8}}\boxed{8}^{\boxed{1}}}{1!}+\dfrac{e^{\boxed{-8}}\boxed{8}^{\boxed{2}}}{\boxed{2!}}\right)=\boxed{1-41e^{-8}\,(\simeq 0.99)}$$

練習問題の答え

① $P(X\leq 1)=\sum_{x=0}^{1}{}_4C_x\,0.1^x\,0.9^{4-x}=0.95$.

② $P(X\geq 1)=1-P(X=0)=1-{}_3C_0\,0.5^0\,0.5^3=0.88$.

③ $P(X\leq 1)=\sum_{x=0}^{1}e^{-2}2^x/x!=3e^{-2}\,(\simeq 0.41)$.

④ $P(X\geq 1)=1-P(X=0)=1-e^{-5}5^0/0!=1-e^{-5}\,(\simeq 0.99)$.

⑤ X を5回の射的で得られる商品の数とすると, $X\sim B\left(5,\,\dfrac{1}{4}\right)$ となるので, 求める確率は, $P(X\leq 1)=\sum_{x=0}^{1}{}_5C_x\left(\dfrac{1}{4}\right)^x\left(\dfrac{3}{4}\right)^{5-x}=\dfrac{81}{128}=0.63$.

⑥ X を4打席中ヒットを打った回数とすると, $X\sim B(4,\,0.25)$ となるので, 求める確率は, $P(X\geq 1)=1-P(X=0)=1-{}_4C_0(0.25)^0(0.75)^4=0.68$.

⑦ X を2回のPKでゴールを決めた回数とすると, $X\sim B(2,\,0.8)$ となるので, 求める確率は, $P(X\geq 1)=1-P(X=0)=1-{}_2C_0(0.8)^0(0.2)^2=0.96$.

⑧ X を2時間のうちに訪れる客の数とすると, $X\sim P_o(4)$ となるので, 求める確率は, $P(X\geq 2)=1-P(X\leq 1)=1-\sum_{x=0}^{1}e^{-4}4^x/x!=1-5e^{-4}\,(\simeq 0.91)$.

⑨ X を3日間で起きた事故の件数とすると, $X\sim P_o(3)$ となるので, 求める確率は, $P(X=0)=e^{-3}3^0/0!=e^{-3}\,(\simeq 0.05)$.

⑩ X を1時間にかかってきた電話の本数とすると, $X\sim P_o(3)$ となるので, 求める確率は, $P(X\geq 2)=1-P(X\leq 1)=1-\sum_{x=0}^{1}e^{-3}3^x/x!=1-4e^{-3}\,(\simeq 0.80)$.

13 確率変数の標準化と正規分布

ここでは，正規分布について勉強しましょう．

定義と公式

正規分布

以下の密度関数をもつ確率変数 X は，正規分布に従うといい，$X \sim N(\mu, \sigma^2)$ と記します．

$$f(x) = \frac{1}{\sqrt{2\pi\sigma^2}} e^{-\frac{1}{2\sigma^2}(x-\mu)^2} \quad (-\infty < x < \infty)$$

$X \sim N(\mu, \sigma^2)$ であるとき，$E[X] = \mu$，$V[X] = \sigma^2$ であることが知られています．

標準正規分布

$X \sim N(0, 1)$ のとき，X は標準正規分布に従うといいます．

確率変数の標準化

確率変数 X を以下のように変形することを，X を標準化する，といい，Z を標準化された変数といいます．

$$Z = \frac{X - E[X]}{\sqrt{V[X]}}$$

特に，$X \sim N(\mu, \sigma^2)$ であるとき，Z は標準正規分布に従うことが知られています．

公式の使い方（例）

$X \sim N(1, 4)$ であるとき，$P(X \leq 1)$ を求めてみましょう．ここでは，X を標準化すると標準正規分布に従うことを利用します．X を標準化すると，

$$P(X \leq 1) = P\left(\frac{X-1}{2} \leq \frac{1-1}{2}\right) = P(Z \leq 0)$$

となります．標準正規分布表より，$P(Z \leq 0) = 0.5$ ですから，求める確率は 0.5 となります．

次に，X の 95％ 点を調べてみましょう．まず，

$$P(X \leq x) = P\left(\frac{X-1}{2} \leq \frac{x-1}{2}\right) = P\left(Z \leq \frac{x-1}{2}\right) = 0.95$$

と X を標準化しておきます。ここで，標準正規分布表より，$P(Z \leq z) = 0.95$ を満たす z は 1.645 ですから，上の式と照らし合わせれば，$\frac{(x-1)}{2} = 1.645$ という関係が成り立つので，これを解けば，4.29 となります。

やってみましょう

$X \sim N(3, 4)$ のとき，$P(X \leq 4)$ を求めてみましょう。X を標準化して考えると，

$$P(X \leq 4) = P\left(\frac{X - \boxed{}}{\boxed{}} \leq \frac{\boxed{} - \boxed{}}{\boxed{}}\right) = P(Z \leq \boxed{})$$

となります。標準正規分布表より，上の確率は $\boxed{}$ となるので，これが求める確率となります。

では，$P(X \leq 0)$ を求めてみましょう。上と同様に X を標準化して考えると，

$$P(X \leq 0) = P\left(\frac{X - \boxed{}}{\boxed{}} \leq \frac{\boxed{} - \boxed{}}{\boxed{}}\right) = P(Z \leq \boxed{}) \tag{13.1}$$

となります。ここで，標準正規分布表の多くは $z \geq 0$ に対応した確率だけ掲載していますが，標準正規分布は Y 軸に対称な密度関数をもつので，

$$P(Z \leq z) = 1 - P(Z \leq -z) \tag{13.2}$$

という関係が成り立ちます。これを利用すれば，(13.1) の右辺は

$$P(Z \leq \boxed{}) = 1 - P(Z \leq \boxed{})$$

と変形できるので，求める確率は $1 - \boxed{} = \boxed{}$ となります。

次に，X の 93.7% 点 x を求めてみましょう。X を標準化して考えると，

$$P(X \leq x) = P\left(Z \leq \frac{x - \boxed{}}{\boxed{}}\right) = 0.937$$

となります。標準正規分布表より，標準正規分布の 93.7% 点は 1.53 ですから，

$$\frac{x-\boxed{}}{\boxed{}}=1.53$$

という関係が成り立つので，$x=\boxed{}$ が求まります．

同様にして，X の 33％点を求めてみましょう．上と同様に X を標準化すると，

$$P(X\leq x)=P\left(Z\leq\frac{x-\boxed{}}{\boxed{}}\right)=0.33$$

となります．標準正規分布表の多くは 50％点より上側の ％点だけ掲載していますが，ここでもやはり，標準正規分布の対称性より (13.2) を利用すると，

$$P\left(Z\leq\frac{x-\boxed{}}{\boxed{}}\right)=1-P\left(Z\leq-\frac{x-\boxed{}}{\boxed{}}\right)=0.33$$

となります．変形すれば，

$$P\left(Z\leq-\frac{x-\boxed{}}{\boxed{}}\right)=1-0.33=0.67$$

となります．標準正規分布表より，Z の 67％点は 0.44 であるので，

$$-\frac{x-\boxed{}}{\boxed{}}=0.44$$

という関係式が成り立つので，これを解けば，X の 33％点は $\boxed{}$ となります．

練習問題

① $Z\sim \mathrm{N}(0,\ 1)$ のとき，Z の 97.5％点を求めよ．また，$P(Z\leq 0.5)$ を求めよ．
② $X\sim \mathrm{N}(4,\ 4)$ のとき，X の 28.1％点を求めよ．また，$P(X\leq 6)$ を求めよ．
③ $X\sim \mathrm{N}(-2,\ 9)$ のとき，X の 93.7％点を求めよ．また，$P(X\leq -2)$ を求めよ．
④ $X\sim \mathrm{N}(1,\ 9)$ のとき，X の 48.4％点を求めよ．また，$P(X\geq -2)$ を求めよ．
⑤ $X\sim \mathrm{N}(3,\ 1)$ のとき，X の 99.6％点を求めよ．また，$P(X\geq 4)$ を求めよ．
⑥ $X\sim \mathrm{N}(-1,\ 16)$ のとき，X の 16.6％点を求めよ．また，$P(-2\leq X\leq 2)$ を求めよ．

答え

やってみましょうの答え

$P(X \leq 4) = P\left(\dfrac{X - \boxed{3}}{\boxed{2}} \leq \dfrac{\boxed{4} - \boxed{3}}{\boxed{2}}\right) = P(Z \leq \boxed{0.5})$，標準正規分布表より，確率は $\boxed{0.6915}$．

$P(X \leq 0) = P\left(\dfrac{X - \boxed{3}}{\boxed{2}} \leq \dfrac{\boxed{0} - \boxed{3}}{\boxed{2}}\right) = P(Z \leq \boxed{-1.5})$，$P(Z \leq \boxed{-1.5}) = 1 - P(Z \leq \boxed{1.5})$

求める確率は $1 - \boxed{0.9332} = \boxed{0.0668}$．

$P(X \leq x) = P\left(Z \leq \dfrac{x - \boxed{3}}{\boxed{2}}\right) = 0.937$，$\dfrac{x - \boxed{3}}{\boxed{2}} = 1.53$，$x = \boxed{6.06}$．

$P(X \leq x) = P\left(Z \leq \dfrac{x - \boxed{3}}{\boxed{2}}\right) = 0.33$，$P\left(Z \leq \dfrac{x - \boxed{3}}{\boxed{2}}\right) = 1 - P\left(Z \leq -\dfrac{x - \boxed{3}}{\boxed{2}}\right) = 0.33$

$P\left(Z \leq -\dfrac{x - \boxed{3}}{\boxed{2}}\right) = 1 - 0.33 = 0.67$，$-\dfrac{x - \boxed{3}}{\boxed{2}} = 0.44$，$X$ の 33％点は $\boxed{2.12}$．

練習問題の答え

以下，各％点を x とする．

① $P(Z \leq x) = 0.975$ より，97.5％点は，1.96．一方，$P(Z \leq 0.5) = 0.6915$．

② $P(X \leq x) = P(Z \leq (x-4)/2) = 1 - P(Z \leq -(x-4)/2) = 0.281$ より，$P(Z \leq -(x-4)/2) = 0.719$．$Z$ の 71.9％点は 0.58 なので，$-(x-4)/2 = 0.58$ より，X の 28.1％点は 2.84．一方，$P(X \leq 6) = P(Z \leq 1) = 0.8413$．

③ $P(X \leq x) = P(Z \leq (x+2)/3) = 0.937$ で，Z の 93.7％点は 1.53 だから，$(x+2)/3 = 1.53$．したがって，X の 93.5％点は 2.59．一方，$P(X \leq -2) = P(Z \leq 0) = 0.5$．

④ $P(X \leq x) = P(Z \leq (x-1)/3) = 1 - P(Z \leq -(x-1)/3) = 0.484$ より，$P(Z \leq -(x-1)/3) = 0.516$．$Z$ の 51.6％点は 0.04 なので，$-(x-1)/3 = 0.04$ より，X の 48.4％点は，0.88．一方，$P(X \geq -2) = P(Z \geq -1) = 1 - P(Z \leq -1) = P(Z \leq 1) = 0.8413$．

⑤ $P(X \leq x) = P(Z \leq (x-3)/1) = 0.996$ で，Z の 99.6％点は 2.65 であるから，$(x-3) = 2.65$．したがって，X の 99.6％点は 5.65．一方，$P(X \geq 4) = P(Z \geq 1) = 1 - P(Z \leq 1) = 1 - 0.8413 = 0.1587$．

⑥ $P(X \leq x) = P(Z \leq (x+1)/4) = 1 - P(Z \leq -(x+1)/4) = 0.166$ より，$P(Z \leq -(x+1)/4) = 0.834$．$Z$ の 83.4％点は 0.97 なので，$-(x+1)/4 = 0.97$ より，X の 16.6％点は，-4.88．一方，$P(-2 \leq X \leq 2) = P(-0.25 \leq Z \leq 0.75) = P(Z \leq 0.75) - P(Z \leq -0.25) = P(Z \leq 0.75) - (1 - P(z \leq 0.25)) = 0.7734 - (1 - 0.5987) = 0.3721$．

14 正規母集団からの標本分布

ここでは，正規母集団から無作為抽出により得られた標本の，標本平均値および標本分散の分布について勉強しましょう．

定義と公式

$X \sim N(\mu, \sigma^2)$ からの無作為標本を $\{X_1, X_2, \cdots, X_n\}$ とし，標本平均値を $\overline{X} = (\sum_{i=1}^{n} X_i)/n$，標本分散を $S^2 = \sum_{i=1}^{n}(X_i - \overline{X})^2/(n-1)$ とします．このとき，

標本平均値の分布

$$\overline{X} \sim N\left(\mu, \frac{\sigma^2}{n}\right)$$

標本分散の分布

(a)
$$\frac{1}{\sigma^2} \sum_{i=1}^{n}(X_i - \mu)^2 \sim \chi^2(n)$$

χ^2 は，「カイ2じょう」と読みます．

(b)
$$\frac{(n-1)}{\sigma^2} S^2 = \frac{1}{\sigma^2} \sum_{i=1}^{n}(X_i - \overline{X})^2 \sim \chi^2(n-1)$$

比の分布

$$\frac{\sqrt{n}(\overline{X} - \mu)}{S} \sim t(n-1)$$

公式の使い方（例）

正規母集団 $X \sim N(2, 9)$ からの無作為標本を $\{X_1, X_2, \cdots, X_5\}$ とし，

$$\overline{X} = \frac{1}{5}\sum_{i=1}^{5} X_i, \quad S^2 = \frac{1}{4}\sum_{i=1}^{5}(X_i - \overline{X})^2$$

とすると，次の結果が成り立ちます．

$$\overline{X} \sim N\left(2, \frac{9}{5}\right)$$

$$\frac{1}{9}\sum_{i=1}^{5}(X_i-2)^2 \sim \chi^2(5), \quad \frac{4}{9}S^2 \sim \chi^2(4)$$

$$\frac{\sqrt{5}\,(\overline{X}-2)}{S} \sim t(4)$$

やってみましょう

正規母集団 $X \sim N(2, 5)$ からの無作為標本を $\{X_1, X_2, \cdots, X_5\}$ とし，

$$\overline{X} = \frac{1}{5}\sum_{i=1}^{5}X_i, \quad S^2 = \frac{1}{4}\sum_{i=1}^{5}(X_i-\overline{X})^2$$

とすると，次の結果が成り立ちます．

①

$$\overline{X} \sim \boxed{}$$

これを利用すれば，

$$P(1 \leq \overline{X} \leq 3) = P\left(\frac{1-\boxed{}}{\boxed{}} \leq Z \leq \frac{3-\boxed{}}{\boxed{}}\right)$$
$$= P(\boxed{} \leq Z \leq \boxed{}) = \boxed{}$$

となり，標本平均が一定の範囲内に入る確率の計算が可能となります．

②

$$\frac{1}{5}\sum_{i=1}^{5}(X_i-2)^2 \sim \boxed{}, \quad \frac{4}{5}S^2 \sim \boxed{}$$

これを利用すれば，標本分散 S^2 の 95％点 c_{95} を求めることができます．$\chi^2(4)$ の 95％点は 9.488 ですから，

$$P(\boxed{} \leq 9.488) = P(S^2 \leq \boxed{}) = 0.95$$

となり，$c_{95} = \boxed{}$ となります．

③

$$\frac{\sqrt{5}(\overline{X}-2)}{S} \sim \boxed{}$$

t分布は，標準正規分布よりも裾の広い分布として知られています．たとえば，上のt分布の90％点は $\boxed{}$ であるのに対し，標準正規分布の90％点は $\boxed{}$ となります．

別のケースで練習してみましょう．正規母集団 $X \sim N(-2, 2)$ からの無作為標本を $\{X_1, X_2, \cdots, X_8\}$ とし，$\overline{X}$，S^2 をそれぞれ，標本平均値，標本分散とすると，次の結果が成り立ちます．

$$\overline{X} \sim \boxed{}$$

$$\frac{1}{2}\sum_{i=1}^{8}(X_i+2)^2 \sim \boxed{}, \quad \frac{7}{2}S^2 \sim \boxed{}$$

$$\frac{\sqrt{8}(\overline{X}+2)}{S} \sim \boxed{}$$

また，この結果を利用すれば，

$$P(-1.5 \le \overline{X} \le -1) = P\left(\frac{-1.5-\boxed{}}{\boxed{}} \le Z \le \frac{-1-\boxed{}}{\boxed{}}\right)$$

$$= P(\boxed{} \le Z \le \boxed{}) = \boxed{}$$

$$P(\boxed{} \le 14.07) = P(S^2 \le \boxed{}) = 0.95$$

となるので，S^2 の95％点は，$\boxed{}$ となります．

練習問題

以下，一般に，母集団 $X \sim N(\mu, \sigma^2)$ からの大きさ n の無作為標本を $\{X_1, X_2, \cdots, X_n\}$ とし，標本平均値，標本分散を $\overline{X}$, S^2 と表す．さらに，

$$W_1 = \frac{1}{\sigma^2} \sum_{i=1}^{n} (X_i - \mu)^2, \quad W_2 = \frac{(n-1)}{\sigma^2} S^2$$

$$T = \frac{\sqrt{n}(\overline{X} - \mu)}{S}$$

と定義する．

① $X \sim N(0, 1)$ で $n=4$ のとき，$\overline{X}$, W_1, W_2, T はそれぞれどんな分布に従うか，答えよ．また，それぞれの分布の95％点を求めよ．

② $X \sim N(5, 4)$ で $n=16$ のとき，$\overline{X}$, W_1, W_2, T はそれぞれどんな分布に従うか，答えよ．また，それぞれの分布の95％点を求めよ．

③ $X \sim N(-8, 18)$ で $n=2$ のとき，$\overline{X}$, W_1, W_2, T はそれぞれどんな分布に従うか，答えよ．また，それぞれの分布の95％点を求めよ．

④ $X \sim N(0, 8)$ で $n=2$ のとき，$P(\overline{X} \leq 1)$ および S^2 の95％点を求めよ．

⑤ $X \sim N(1, 16)$ で $n=4$ のとき，$P(\overline{X} \leq 1)$ および S^2 の95％点を求めよ．

⑥ $X \sim N(-2, 36)$ で $n=4$ のとき，$P(\overline{X} \geq 0)$ および S^2 の95％点を求めよ．

答え

やってみましょうの答え

① $\overline{X} \sim \boxed{N(2,\ 1)}$

$P(1 \leq \overline{X} \leq 3) = P\left(\dfrac{1-\boxed{2}}{\boxed{1}} \leq Z \leq \dfrac{3-\boxed{2}}{\boxed{1}}\right) = P(\boxed{-1} \leq Z \leq \boxed{1}) = \boxed{0.6826}$

② $\dfrac{1}{5}\sum_{i=1}^{5}(X_i-2)^2 \sim \boxed{\chi^2(5)}$, $\dfrac{4}{5}S^2 \sim \boxed{\chi^2(4)}$

$P\left(\boxed{\dfrac{4}{5}S^2} \leq 9.488\right) = P(S^2 \leq \boxed{11.86}) = 0.95$

$c_{95} = \boxed{11.86}$

③ $\dfrac{\sqrt{5}\,(\overline{X}-2)}{S} \sim \boxed{t(4)}$

t 分布の 90％点は $\boxed{1.533}$ であるのに対し，標準正規分布の 90％点は $\boxed{1.285}$ となります．

$\overline{X} \sim \boxed{N\left(-2,\ \dfrac{1}{4}\right)}$

$\dfrac{1}{2}\sum_{i=1}^{8}(X_i+2)^2 \sim \boxed{\chi^2(8)}$, $\dfrac{7}{2}S^2 \sim \boxed{\chi^2(7)}$

$\dfrac{\sqrt{8}\,(\overline{X}+2)}{S} \sim \boxed{t(7)}$

$P(-1.5 \leq \overline{X} \leq -1) = P\left(\dfrac{-1.5-\boxed{(-2)}}{\boxed{\dfrac{1}{2}}} \leq Z \leq \dfrac{-1-\boxed{(-2)}}{\boxed{\dfrac{1}{2}}}\right) = P(\boxed{1} \leq Z \leq \boxed{2}) = \boxed{0.1359}$

$P\left(\boxed{\dfrac{7}{2}S^2} \leq 14.07\right) = P(S^2 \leq \boxed{4.02}) = 0.95$ となるので，S^2 の 95％点は，$\boxed{4.02}$ となります．

練習問題の答え

① $\overline{X} \sim N(0, 1/4)$, $W_1 \sim \chi^2(4)$, $W_2 \sim \chi^2(3)$, $T \sim t(3)$. $\overline{X}$ の95％点を x とすると, $P(\overline{X} \leq x) = P(Z \leq x/(1/2)) = 0.95$ より, $2x = 1.645$. これより, $x = 0.8225$. W_1, W_2, T の95％点は, それぞれ 9.488, 7.815, 2.353.

② $\overline{X} \sim N(5, 1/4)$, $W_1 \sim \chi^2(16)$, $W_2 \sim \chi^2(15)$, $T \sim t(15)$. $\overline{X}$ の95％点を x とすると, $P(\overline{X} \leq x) = P(Z \leq (x-5)/(1/2)) = 0.95$ より, $2(x-5) = 1.645$. これより, $x = 5.8225$. W_1, W_2, T の95％点は, それぞれ 26.30, 25.00, 1.753.

③ $\overline{X} \sim N(-8, 9)$, $W_1 \sim \chi^2(2)$, $W_2 \sim \chi^2(1)$, $T \sim t(1)$. $\overline{X}$ の95％点を x とすると, $P(\overline{X} \leq x) = P(Z \leq (x+8)/3) = 0.95$ より, $(x+8)/3 = 1.645$. これより, $x = -3.065$. W_1, W_2, T の95％点は, それぞれ 5.991, 3.841, 6.314.

④ $\overline{X} \sim N(0, 4)$ であるから, $P(\overline{X} \leq 1) = P(Z \leq 1/2) = 0.6195$. また, $(1/8)S^2 \sim \chi^2(1)$ の95％点は 3.841 であるから, $0.95 = P((1/8)S^2 \leq 3.841) = P(S^2 \leq 30.728)$ となるので, S^2 の95％点は 30.728.

⑤ $\overline{X} \sim N(1, 4)$ であるから, $P(\overline{X} \leq 1) = P(Z \leq 0) = 0.5$. また, $(3/16)S^2 \sim \chi^2(3)$ の95％点は 7.815 であるから, $0.95 = P((3/16)S^2 \leq 7.815) = P(S^2 \leq 41.68)$ となるので, S^2 の95％点は 41.68.

⑥ $\overline{X} \sim N(-2, 9)$ であるから, $P(\overline{X} \geq 0) = P(Z \geq 2/3) = 1 - P(Z \leq 2/3) = 0.2514$. また, $(1/12)S^2 \sim \chi^2(3)$ の95％点は 7.815 であるから, $0.95 = P((1/12)S^2 \leq 7.815) = P(S^2 \leq 93.78)$ となるので, S^2 の95％点は 93.78.

15 非正規母集団からの標本分布

ここでは，非正規母集団から無作為抽出により得られた標本の，標本平均の分布について勉強しましょう．

定義と公式

平均が μ，分散が σ^2 である確率変数 X からの無作為標本を $\{X_1, X_2, \cdots, X_n\}$ とし，標本平均値を $\overline{X} = \dfrac{1}{n}\sum_{i=1}^{n} x_i$ とします．

標本平均値の期待値と分散

$$E[\overline{X}] = \mu, \quad V[\overline{X}] = \frac{\sigma^2}{n}$$

中心極限定理

n が十分大きければ，$\overline{X}$ の分布は $N\left(\mu, \dfrac{\sigma^2}{n}\right)$ で近似できます．すなわち，

$$\overline{X} \simeq N\left(\mu, \frac{\sigma^2}{n}\right) \quad \text{または} \quad \frac{\overline{X} - \mu}{\sqrt{\sigma^2/n}} \simeq N(0, 1)$$

2項分布の正規近似

$$X \sim B(n, p) \simeq N(np, np(1-p))$$

このとき，$Z \sim N(0, 1)$ とすると，

$$P(a \leq X \leq b) \simeq P\left(\frac{a - 0.5 - np}{\sqrt{np(1-p)}} \leq Z \leq \frac{b + 0.5 - np}{\sqrt{\{np(1-p)\}}}\right)$$

公式の使い方（例）

$X \sim B(1, 0.3)$ からの無作為標本を $\{X_1, X_2, \cdots, X_{10}\}$ とすると，$E[X] = 0.3$，$V[X] = 0.3 \times 0.7 = 0.21$ ですから，次の結果が得られます．

$$E[\overline{X}] = 0.3, \quad V[\overline{X}] = \frac{0.21}{10} = 0.021$$

このとき，$Y = X_1 + X_2 + \cdots + X_{10} \sim B(10, 0.3)$ となることが知られているので，

$$P(Y \leq 3) \simeq P\left(Z \leq \frac{3 + 0.5 - 10 \times 0.3}{\sqrt{10 \times 0.3 \times 0.7}}\right)$$
$$= P(Z \leq 0.35) = 0.6368$$

やってみましょう

① 平均3，分散4をもつ母集団からの無作為標本を $\{X_1, X_2, \ldots, X_{16}\}$ とすると，

$$E[\overline{X}] = \boxed{}$$

$$V[\overline{X}] = \boxed{}$$

となります．中心極限定理を用いれば，$\overline{X}$ の分布は，$\boxed{}$ で近似できます．

具体例をみてみましょう．今，自由度1の χ^2 分布からの無作為標本を $\{X_1, X_2, \ldots, X_{20}\}$ とします．$Y = X_1 + X_2 + \cdots + X_{20}$ が10以上20以下となる確率を正規近似を使って求めてみましょう．自由度1の χ^2 分布の期待値は1，分散は2なので，$Y/20 = \overline{X}$ の期待値は $\boxed{}$，分散は $\boxed{}$ となります．これを用いて，

$$P(10 \leq Y \leq 20) = P\left(\boxed{} \leq \overline{X} \leq 1\right)$$

$$= P\left(\boxed{} \leq \frac{\overline{X} - 1}{\sqrt{1/10}} \leq \boxed{}\right)$$

$$\simeq P\left(\boxed{} \leq Z \leq \boxed{}\right) = \boxed{}$$

と近似できます．厳密な確率は0.51となるので，近似としてはやや確率を低く見積もってしまうことになります．

では，標本の大きさが80であるとき，Y が40以上80以下となる確率を求めてみましょう．

このとき，$Y/80=\overline{X}$ の期待値は ⬜ ，分散は ⬜ となるので，これを用いて，

$$P(40\leq Y\leq 80)=P\left(\boxed{}\leq \overline{X}\leq 1\right)$$

$$=P\left(\boxed{}\leq \frac{\overline{X}-1}{\sqrt{1/40}}\leq \boxed{}\right)$$

$$\simeq P\left(\boxed{}\leq Z\leq \boxed{}\right)=\boxed{}$$

と近似できます．厳密な確率は 0.52 となるので，先ほどよりも近似の精度がよくなっていることがわかります．

② 次に，2項分布の確率を正規分布で近似してみましょう．$X\sim B(20, 0.4)$ とすると，この分布は ⬜ で近似できるので，

$$P(X\leq 9)\simeq P\left(Z\leq \frac{9+\boxed{}-\boxed{}}{\sqrt{\boxed{}}}\right)$$

$$=P\left(Z\leq \boxed{}\right)=\boxed{}$$

となります．この場合の厳密な確率は 0.755 なので，近似の精度は非常によいことがわかります．

下の図は，B(20, 0.4) の確率関数とその近似値，および正規分布の密度関数を描いたものです（実線—の棒グラフが 2 項分布の確率関数，点線…の棒グラフが正規近似した確率関数，点線…のグラフが正規分布の密度関数です）．この図から，2 項分布の確率は正規分布でうまく近似できていることがわかります．

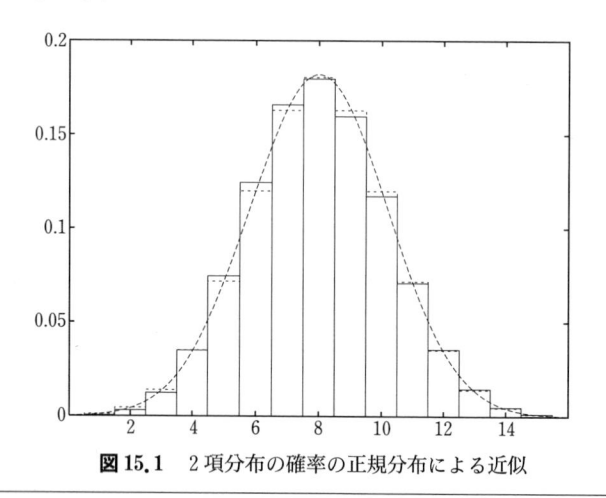

図 15.1 2 項分布の確率の正規分布による近似

練習問題

① 平均 0，分散 1 をもつ母集団からの無作為標本を $\{X_1, X_2, \cdots, X_{16}\}$ としたとき，$\overline{X}$ の期待値と分散を求めよ．

② 平均 4，分散 9 をもつ母集団からの無作為標本を $\{X_1, X_2, \cdots, X_{16}\}$ としたとき，$\overline{X}$ の期待値と分散を求めよ．

③ 平均 -3，分散 16 をもつ母集団からの無作為標本を $\{X_1, X_2, \cdots, X_{16}\}$ としたとき，$\overline{X}$ の期待値と分散を求めよ．

④ 自由度 1 の χ^2 分布からの無作為標本を $\{X_1, X_2, \cdots, X_{20}\}$ とする．$Y = X_1 + X_2 + \cdots + X_{20}$ が 10 以下となる確率を正規近似を使って求めなさい．

⑤ 自由度 1 の χ^2 分布からの無作為標本を $\{X_1, X_2, \cdots, X_{40}\}$ とする．$Y = X_1 + X_2 + \cdots + X_{40}$ が 30 以上 60 以下となる確率を正規近似を使って求めなさい．

⑥ $X \sim B(10, 0.8)$ であるとき，$P(X \leq 10)$ を正規近似を使って求めよ．

⑦ $X \sim B(10, 0.8)$ であるとき，$P(X \geq 5)$ を正規近似を使って求めよ．

⑧ $X \sim B(20, 0.3)$ であるとき，$P(7 \leq X \leq 9)$ を正規近似を使って求めよ．

⑨ $X \sim B(40, 0.3)$ であるとき，$P(11 \leq X \leq 13)$ を正規近似を使って求めよ．

答え

やってみましょうの答え

① $E[\overline{X}]=\boxed{3}$, $V[\overline{X}]=\boxed{\dfrac{1}{4}}$, $\overline{X}$ の分布は, $\boxed{N\left(3, \dfrac{1}{4}\right)}$ で近似することができます.

$\overline{X}$ の期待値は $\boxed{1}$, 分散は $\boxed{0.1}$ となります.

$$P(10 \leq Y \leq 20) = P(\boxed{0.5} \leq \overline{X} \leq 1) = P\left(\boxed{\dfrac{0.5-1}{\sqrt{1/10}}} \leq \dfrac{\overline{X}-1}{\sqrt{1/10}} \leq \boxed{0}\right) \simeq P(\boxed{-1.58} \leq Z \leq \boxed{0})$$
$$= \boxed{0.4429}$$

$Y/80 = \overline{X}$ の期待値は $\boxed{1}$, 分散は $\boxed{\dfrac{1}{40}}$ となるので,

$$P(40 \leq Y \leq 80) = P(\boxed{0.5} \leq \overline{X} \leq 1) = P\left(\boxed{\dfrac{0.5-1}{\sqrt{1/40}}} \leq \dfrac{\overline{X}-1}{\sqrt{1/40}} \leq \boxed{0}\right) \simeq P(\boxed{-3.16} \leq Z \leq \boxed{0})$$
$$= \boxed{0.5}$$

② この分布は $\boxed{N(8, 4.8)}$ で近似できるので,

$$P(X \leq 9) \simeq P\left(Z \leq \dfrac{9 + \boxed{0.5} - \boxed{8}}{\sqrt{\boxed{4.8}}}\right) = P(Z \leq \boxed{0.68}) = \boxed{0.7517}$$

練習問題の答え

① $E[\overline{X}]=0$, $V[\overline{X}]=1/16$.
② $E[\overline{X}]=4$, $V[\overline{X}]=9/16$.
③ $E[\overline{X}]=-3$, $V[\overline{X}]=1$.
④ $E[\overline{X}]=1$, $V[\overline{X}]=1/10$ より,
$$P(Y \leq 10) = P(\overline{X} \leq 0.5) = P\left(\dfrac{\overline{X}-1}{\sqrt{1/10}} \leq \dfrac{0.5-1}{\sqrt{1/10}}\right)$$
$$\simeq P(Z \leq -1.58) = 1 - P(Z \leq 1.58) = 0.0571$$

⑤ $E[\overline{X}]=1$, $V[\overline{X}]=1/20$ より,
$$P(30 \leq Y \leq 60) = P(3/4 < \overline{X} \leq 3/2) = P\left(\dfrac{3/4-1}{\sqrt{1/20}} \leq Z \leq \dfrac{3/2-1}{\sqrt{1/20}}\right)$$
$$= P(-1.12 \leq Z \leq 2.24) = 0.8561$$

⑥ $X \sim B(10, 0.8) \simeq N(8, 1.6)$ として,
$$P(X \leq 10) \simeq P\left(Z \leq \dfrac{10+0.5-8}{\sqrt{1.6}}\right) = P(Z \leq 1.98) = 0.9761$$

⑦ $X \sim B(10, 0.8) \simeq N(8, 1.6)$ として,

$$P(X\geq 5)\simeq P\left(Z\geq \frac{5-0.5-8}{\sqrt{1.6}}\right)=P(Z\geq -2.77)=0.9972$$

⑧　$X\sim B(20,\ 0.3)\simeq N(6,\ 4.2)$ として，
$$P(7\leq X\leq 9)\simeq P\left(\frac{7-0.5-6}{\sqrt{4.2}}\leq Z\leq \frac{9+0.5-6}{\sqrt{4.2}}\right)$$
$$=P(0.24\leq Z\leq 1.71)=0.3616$$

⑨　$X\sim B(40,\ 0.3)\simeq N(12,\ 8.4)$ として，
$$P(11\leq X\leq 13)\simeq P\left(\frac{11-0.5-12}{\sqrt{8.4}}\leq Z\leq \frac{13+0.5-12}{\sqrt{8.4}}\right)$$
$$=P(-0.52\leq Z\leq 0.52)=0.397$$

16 平均値の区間推定

ここでは，正規母集団の母平均の区間推定を作る練習をしましょう．

定義と公式

$X \sim N(\mu, \sigma^2)$ からの無作為標本を $\{X_1, X_2, \cdots, X_n\}$ とし，標本平均値を $\overline{X} = \frac{1}{n}\sum_{i=1}^{n} X_i$ とします．また，$z_{\alpha/2}$ を標準正規分布 Z の上側 $100\alpha/2$％点 ($P(Z \geq z_{\alpha/2}) = \alpha/2$) とし，$t_{\alpha/2,n}$ を自由度 n の t 分布の上側 $100\alpha/2$％点とします．

σ^2 が既知の場合

以下の区間を，信頼係数 $1-\alpha$ の μ に関する信頼区間といいます．

$$\overline{X} - z_{\alpha/2} \times \frac{\sigma}{\sqrt{n}} \leq \mu \leq \overline{X} + z_{\alpha/2} \times \frac{\sigma}{\sqrt{n}}$$

μ が信頼区間内に入る確率は $1-\alpha$ となります．

σ^2 が未知の場合

以下の区間を，信頼係数 $1-\alpha$ の μ に関する信頼区間といいます．

$$\overline{X} - t_{\alpha/2,(n-1)} \times \frac{S}{\sqrt{n}} \leq \mu \leq \overline{X} + t_{\alpha/2,(n-1)} \times \frac{S}{\sqrt{n}}$$

ただし，

$$S^2 = \frac{1}{n-1}\sum_{i=1}^{n}(X_i - \overline{X})^2$$

とします．μ が信頼区間に入る確率は $1-\alpha$ となります．

公式の使い方（例）

$X \sim N(\mu, 4)$ からの大きさ 4 の標本平均値が 0.5，$S^2 = 1.2^2$ であったとします．分散が既知ならば，信頼係数 0.95 の μ に関する信頼区間は，$z_{\alpha/2} = z_{0.025} = 1.96$ なので，

$$0.5 - 1.96\frac{2}{\sqrt{4}} = -1.46 \leq \mu \leq 0.5 + 1.96\frac{2}{\sqrt{4}} = 2.46$$

となり，分散が未知ならば，$t_{\alpha/2,(n-1)}=t_{0.025,3}=3.182$ なので，

$$0.5-3.182\frac{1.2}{\sqrt{4}}=-1.409\leq\mu\leq 0.5+3.182\frac{1.2}{\sqrt{4}}=2.409$$

となります．

やってみましょう

以下，小数点以下第3位を四捨五入して，計算結果を求めます．

① 正規母集団からの大きさ4の標本平均値が1.5，$S^2=3.1^2=9.61$ であったとします．分散 $\sigma^2=9$ が既知の場合の，信頼係数0.95の μ に関する信頼区間を求めてみましょう．

まず，定理に現れた $z_{\alpha/2}$ を求めなければなりません．今，信頼係数が0.95ですから，$(1-\alpha)=0.95$ という関係が成り立つので，$\alpha=$ ____ となります．したがって，$z_{\alpha/2}=z$ ____ となる点は，____ となります．これを用いて，

$$\boxed{}-\frac{\boxed{}}{\boxed{}}\leq\mu\leq\boxed{}+\frac{\boxed{}}{\boxed{}}$$

となるので，____ $\leq\mu\leq$ ____ となります．

分散が未知の場合には，自由度 ____ の t 分布の上側2.5%点は ____ なので，

$$\boxed{}-\frac{\boxed{}}{\boxed{}}\leq\mu\leq\boxed{}+\frac{\boxed{}}{\boxed{}}$$

となり，この場合は，____ $\leq\mu\leq$ ____ となります．

② 信頼区間はさまざまな問題に応用できます．次のような問題を考えてみましょう．

ある自動車のガソリン1リットルあたりの走行可能距離が，正規分布に従うとしましょう．走行可能距離の平均が μ，分散が $\sigma^2=0.25$ であるとします．5回の実験により，この車が1リットルあたりに実際に走った距離が，10，10.5，9.5，9.5，10.3 km であったとき，信頼係数0.9の平均走行可能距離の信頼区間を求めてみましょう．

今，5回の実験の平均値は □ ，標準正規分布の上側5％点が1.645であるので，

$$\boxed{} - \frac{\boxed{}}{\boxed{}} \leq \mu \leq \boxed{} + \frac{\boxed{}}{\boxed{}}$$

より，信頼区間は □ $\leq \mu \leq$ □ となります．では，分散 σ^2 が未知である場合を考えましょう．このとき，標本分散は □ で，自由度 □ の t 分布の上側5％点は2.132ですから，

$$\boxed{} - \frac{\boxed{}}{\boxed{}} \leq \mu \leq \boxed{} + \frac{\boxed{}}{\boxed{}}$$

より，信頼区間は □ $\leq \mu \leq$ □ となります．

練習問題

以下，$z_{0.05} = 1.645$, $z_{0.025} = 1.96$ として答えよ．

① 正規母集団からの大きさ5の標本平均値が2，$S^2 = 2.1^2$ であるとする．分散が既知の場合 ($\sigma^2 = 4$) の信頼係数0.95の μ に関する信頼区間値と，分散が未知の場合の信頼区間を求めなさい．

② 正規母集団からの大きさ10の標本平均値が5，$S^2 = 3.1^2$ であるとする．分散が既知の場合 ($\sigma^2 = 9$) の信頼係数0.9の μ に関する信頼区間と，分散が未知の場合の信頼区間を求めなさい．

③ 正規母集団からの大きさ9の標本平均値が -5，$S^2 = 1.9^2$ であるとする．分散が既知の場合 ($\sigma^2 = 4$) の信頼係数0.95の μ に関する信頼区間と，分散が未知の場合の信頼区間を求めなさい．

④ ある自動車のガソリン1リットルあたりの走行可能距離が，正規分布に従うとする．走行可能距離の平均を μ とする．5回の実験により，この車が1リットルあたりに実際に走った距離が，15, 15.5, 16, 14.5, 16.5 km であったとする．信頼係数0.95の μ の信頼区間を求めなさい．

⑤ あるプリンターのトナー1本あたりの印刷可能枚数が正規分布に従うとする．4本のトナーを使った実験では，4800, 5200, 5100, 5100枚印刷できた．このトナーの平均印刷可能枚数 μ の，信頼係数0.95の信頼区間を求めなさい．

⑥ あるスピードメーターの誤差は正規分布に従うとする．時速100 km で投げられたボールを計測する実験を5回行ったところ，このメーターの誤差は，2, -2, 3, -1, -2 km であった．このスピードメーターの平均誤差 μ の，信頼係数0.99の信頼区間を求めなさい．

答え

やってみましょうの答え

① $\alpha = \boxed{0.05}$．したがって，$z_{\alpha/2} = z_{\boxed{0.025}}$ となる点は，$\boxed{1.96}$ となります．これを用いて，

$$\boxed{1.5} - \boxed{1.96}\frac{3}{2} \leq \mu \leq \boxed{1.5} + \boxed{1.96}\frac{3}{2}$$

となるので，$\boxed{-1.44} \leq \mu \leq \boxed{4.44}$ となります．

分散が未知の場合には，自由度 $\boxed{3}$ の t 分布の上側 2.5％ 点は $\boxed{3.182}$ なので，

$$\boxed{1.5} - \boxed{3.182}\frac{3.1}{2} \leq \mu \leq \boxed{1.5} + \boxed{3.182}\frac{3.1}{2}$$

となり，この場合は，$\boxed{-3.43} \leq \mu \leq \boxed{6.43}$ となります．

② 5 回の実験の平均値は $\boxed{9.96}$，標準正規分布の上側 5％ 点が 1.645 であるので，

$$\boxed{9.96} - \boxed{1.645}\frac{0.5}{\sqrt{5}} \leq \mu \leq \boxed{9.96} + \boxed{1.645}\frac{0.5}{\sqrt{5}}$$

より，信頼区間は $\boxed{9.59} \leq \mu \leq \boxed{10.33}$ となります．では，分散 σ^2 が未知である場合を考えましょう．このとき，標本分散は $\boxed{0.208}$ で，自由度 $\boxed{4}$ の t 分布の上側 5％ 点は 2.132 ですから，

$$\boxed{9.96} - \boxed{2.132}\frac{\sqrt{0.208}}{\sqrt{5}} \leq \mu \leq \boxed{9.96} + \boxed{2.132}\frac{\sqrt{0.208}}{\sqrt{5}}$$

より，信頼区間は $\boxed{9.53} \leq \mu \leq \boxed{10.39}$ となります．

練習問題の答え

① 分散が既知の場合，$2 - 1.96 \times 2/\sqrt{5} \leq \mu \leq 2 + 1.96 \times 2/\sqrt{5}$ より，$0.25 \leq \mu \leq 3.75$．分散が未知の場合，$t_{0.025,4} = 2.776$ であるので，$2 - 2.776 \times 2.1/\sqrt{5} \leq \mu \leq 2 + 2.776 \times 2.1/\sqrt{5}$ より，$-0.61 \leq \mu \leq 4.61$．

② 分散が既知の場合，$5 - 1.645 \times 3/\sqrt{10} \leq \mu \leq 5 + 1.645 \times 3/\sqrt{10}$ より，$3.44 \leq \mu \leq 6.56$．分散が未知の場合，$t_{0.05,9} = 1.833$ なので，$5 - 1.833 \times 3.1/\sqrt{10} \leq \mu \leq 5 + 1.833 \times 3.1/\sqrt{10}$ より，$3.20 \leq \mu \leq 6.80$．

③ 分散が既知の場合，$-5 - 1.96 \times 2/3 \leq \mu \leq -5 + 1.96 \times 2/3$ より，$-6.31 \leq \mu \leq -3.69$．分散が未知の場合，$t_{0.025,8} = 2.306$ なので，$-5 - 2.306 \times 1.9/3 \leq \mu \leq -5 + 2.306 \times 1.9/3$ より，$-6.46 \leq \mu \leq -3.54$．

④ $\overline{X} = 15.5$，$S^2 = 0.625$，$t_{0.025,4} = 2.776$ であるので，$15.5 - 2.776 \times \sqrt{0.625/5} \leq \mu \leq 15.5 + 2.776 \times \sqrt{0.625/5}$ より，$14.52 \leq \mu \leq 16.48$．

⑤ $\overline{X} = 5050$，$S^2 = 30000$，$t_{0.025,3} = 3.182$ であるので，$5050 - 3.182 \times \sqrt{30000/4} \leq \mu \leq 5050 + 3.182 \times \sqrt{30000/4}$ より，$4774.43 \leq \mu \leq 5325.57$．

⑥ $\overline{X} = 0$，$S^2 = 5.5$，$t_{0.005,4} = 4.604$ であるので，$-4.604 \times \sqrt{5.5/5} \leq \mu \leq 4.604 \times \sqrt{5.5/5}$ より，$-4.83 \leq \mu \leq 4.83$．

17 | 成功率の区間推定

ここでは，成功率の区間推定を作る練習をしましょう．

定義と公式

$X \sim B(1, p)$ からの無作為標本を $\{X_1, X_2, \cdots, X_n\}$ とし，標本平均値を $\hat{p} = \left(\sum_{i=1}^{n} X_i\right)/n$ とします．また，$z_{\alpha/2}$ を標準正規分布 Z の上側 $100\alpha/2\%$ 点とします．ここで，標本の大きさ n が十分大きいとします．このとき，以下の区間を信頼係数 $1-\alpha$ の p に関する信頼区間といいます．

$$\hat{p} - z_{\alpha/2} \times \sqrt{\frac{\hat{p}(1-\hat{p})}{n}} \leq p \leq \hat{p} + z_{\alpha/2} \times \sqrt{\frac{\hat{p}(1-\hat{p})}{n}} \tag{17.1}$$

p が信頼区間に入る確率は $1-\alpha$ となります．

公式の使い方（例）

① $X \sim B(1, p)$ からの大きさ 20 の標本平均値が 0.4 であったとしましょう．このとき，信頼係数 0.95 の p に関する信頼区間は，

$$0.4 - 1.96\sqrt{\frac{0.4(1-0.4)}{20}} \leq p \leq 0.4 + 1.96\sqrt{\frac{0.4(1-0.4)}{20}}$$

となるので，求める区間は $0.19 \leq p \leq 0.61$ となります．

② 具体的な例もみてみましょう．ダーツを 20 回投げて，12 回，的に命中したとしましょう．1 回ごとにダーツの的に当たるかどうかは，ベルヌーイ分布に従うと考えられますから，上の定理が応用できます．命中率を p とすると，$\hat{p} = 12/20 = 0.6$ なので，信頼係数 0.95 の信頼区間は，

$$0.6 - 1.96 \times \sqrt{\frac{0.6 \times 0.4}{20}} \leq p \leq 0.6 + 1.96 \times \sqrt{\frac{0.6 \times 0.4}{20}}$$

> $1-\hat{p}$ が簡単に計算できるので，計算した値 (0.4) を書きました．

より，$0.39 \leq p \leq 0.81$ となります．すなわち，95% の確率で，命中率は 0.39 以上 0.81 以下であることがわかります．

やってみましょう

以下，小数点以下第3位を四捨五入して，計算結果を求めます．

① $X \sim B(1, p)$ からの大きさ 40 の標本平均値が 0.4 であったとしましょう．このとき，信頼係数 0.95 の p に関する信頼区間は，

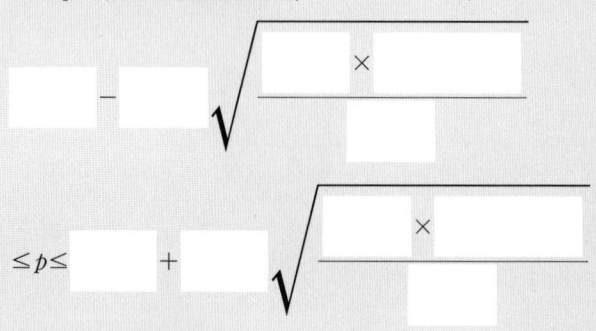

$$0.4 - 1.96\sqrt{\frac{0.4 \times 0.6}{40}} \leq p \leq 0.4 + 1.96\sqrt{\frac{0.4 \times 0.6}{40}}$$

となるので，求める区間は $0.25 \leq p \leq 0.55$ となります．

② では，具体的な事例に当てはめてみましょう．ダーツを 30 回投げて，21 回，的に命中したとしましょう．前の例と同様，1 回毎にダーツの的に当たるかどうかは，ベルヌーイ分布に従うと考えてよいでしょう．命中率を p とすると，

$$\hat{p} = \frac{21}{30} = 0.70$$

となるので，$z_{0.05} = 1.645$ とすると，信頼係数 0.90 の信頼区間は，

$$0.70 - 1.645\sqrt{\frac{0.70 \times 0.30}{30}} \leq p \leq 0.70 + 1.645\sqrt{\frac{0.70 \times 0.30}{30}}$$

より，$0.56 \leq p \leq 0.84$ となります．

③ 別な事例を考えてみましょう．1ヶ月後に行われる地方選挙に関するアンケートを 1000 人に対して行い，650 人が投票所に行くと答えました．選挙の投票率を p として，p の 99% 信頼

区間を求めてみましょう．まず，先の事例に成功率の区間推定を応用できるか考えてみましょう．投票所へ行くつもりならば1，いかなければ0という確率変数をXとすると，Xは$B(1, p)$に従うと考えられます．ただし，pは投票所へ行く予定の人の割合です．1000人にアンケートを行うということは，選挙者という母集団から1000人の無作為標本をとると考えられるので，成功率（投票率）の区間推定を行うと考えてよいでしょう．

そこで，pの区間推定を行います．今，$\hat{p}=$ ☐ / ☐ $=$ ☐ となるので，信頼係数を0.99，$z_{0.005}=2.575$ とすると，pの信頼区間は，

☐ $-$ ☐ $\sqrt{\dfrac{☐ \times ☐}{☐}}$ $\leq p \leq$ ☐ $+$ ☐ $\sqrt{\dfrac{☐ \times ☐}{☐}}$

より，☐ $\leq p \leq$ ☐ となります．

練習問題

以下，$z_{0.05}=1.645$, $z_{0.025}=1.96$, $z_{0.005}=2.575$ として答えよ．

① $X \sim B(1, p)$ からの大きさ20の標本平均値が0.4であるとする．信頼係数0.95のpに関する信頼区間を求めよ．

② $X \sim B(1, p)$ からの大きさ50の標本平均値が0.1であるとする．信頼係数0.95のpに関する信頼区間を求めよ．

③ $X \sim B(1, p)$ からの大きさ100の標本平均値が0.2であるとする．信頼係数0.9のpに関する信頼区間を求めよ．

④ $X \sim B(1, p)$ からの大きさ200の標本平均値が0.6であるとする．信頼係数0.9のpに関する信頼区間を求めよ．

⑤ ダーツを50回投げて，40回，的に命中したとする．命中率をpとして，信頼係数0.95のpに関する信頼区間を求めよ．

⑥ ある大学の4年生100人の学生にアンケートを採ったところ，就職内定者は75人であった．就職内定率をpとして，信頼係数0.95のpに関する信頼区間を求めよ．

⑦ ある自動車メーカーの車を1000台調べたところ，5年以内に故障が起きた自動車は20台であった．故障車率をpとして，信頼係数0.9のpに関する信頼区間を求めよ．

⑧ 30歳男性1000人にアンケートを採ったところ，結婚している男性は650人であった．30歳での既婚率を p として，信頼係数0.99の p に関する信頼区間を求めよ．

答え

やってみましょうの答え

① $\boxed{0.4} - \boxed{1.96}\sqrt{\dfrac{\boxed{0.4} \times \boxed{(1-0.4)}}{40}} \leq p \leq \boxed{0.4} + \boxed{1.96}\sqrt{\dfrac{\boxed{0.4} \times \boxed{(1-0.4)}}{40}}$

となるので，$\boxed{0.25} \leq p \leq \boxed{0.55}$

> 1−0.4 の部分は 0.6 でももちろん正解

② $\hat{p} = \dfrac{\boxed{21}}{\boxed{30}} = \boxed{0.7}$

$\boxed{0.7} - \boxed{1.645}\sqrt{\dfrac{\boxed{0.7} \times \boxed{(1-0.7)}}{30}} \leq p \leq \boxed{0.7} + \boxed{1.645}\sqrt{\dfrac{\boxed{0.7} \times \boxed{(1-0.7)}}{30}}$

より，$\boxed{0.56} \leq p \leq \boxed{0.84}$

> 1−0.7 の部分は 0.3 でももちろん正解

③ $\hat{p} = \boxed{650}/\boxed{1000} = \boxed{0.65}$

$\boxed{0.65} - \boxed{2.575}\sqrt{\dfrac{\boxed{0.65} \times \boxed{(1-0.65)}}{1000}} \leq p \leq \boxed{0.65} + \boxed{2.575}\sqrt{\dfrac{\boxed{0.65} \times \boxed{(1-0.65)}}{1000}}$

より，$\boxed{0.61} \leq p \leq \boxed{0.69}$

> 1−0.65 の部分は 0.35 でもよい

練習問題の答え

① $0.4 - 1.96\sqrt{0.4 \times 0.6/20} \leq p \leq 0.4 + 1.96\sqrt{0.4 \times 0.6/20}$ より，$0.19 \leq p \leq 0.61$．

② $0.1 - 1.96\sqrt{0.1 \times 0.9/50} \leq p \leq 0.1 + 1.96\sqrt{0.1 \times 0.9/50}$ より，$0.02 \leq p \leq 0.18$．

③ $0.2 - 1.645\sqrt{0.2 \times 0.8/100} \leq p \leq 0.2 + 1.645\sqrt{0.2 \times 0.8/100}$ より，$0.13 \leq p \leq 0.27$．

④ $0.6 - 1.645\sqrt{0.6 \times 0.4/200} \leq p \leq 0.6 + 1.645\sqrt{0.6 \times 0.4/200}$ より，$0.54 \leq p \leq 0.66$．

⑤ $\hat{p} = 40/50 = 0.8$ だから，$0.8 - 1.96\sqrt{0.8 \times 0.2/50} \leq p \leq 0.8 + 1.96\sqrt{0.8 \times 0.2/50}$ より，$0.69 \leq p \leq 0.91$．

⑥ $\hat{p} = 75/100 = 0.75$ だから，$0.75 - 1.96\sqrt{0.75 \times 0.25/100} \leq p \leq 0.75 + 1.96\sqrt{0.75 \times 0.25/100}$ より，$0.67 \leq p \leq 0.83$．

⑦ $\hat{p} = 20/1000 = 0.02$ だから，$0.02 - 1.645\sqrt{0.02 \times 0.98/1000} \leq p \leq 0.02 + 1.645\sqrt{0.02 \times 0.98/1000}$ より，$0.01 \leq p \leq 0.03$．

⑧ $\hat{p} = 650/1000 = 0.65$ だから，$0.65 - 2.575\sqrt{0.65 \times 0.35/1000} \leq p \leq 0.65 + 2.575\sqrt{0.65 \times 0.35/1000}$ より，$0.61 \leq p \leq 0.69$．

18 分散の区間推定

ここでは，分散の区間推定を作る練習をしましょう．

定義と公式

正規母集団 $N(\mu, \sigma^2)$ からの無作為標本を $\{X_1, X_2, \cdots, X_n\}$ とし，自由度 n の χ^2 分布の下側 $100\alpha/2\%$ 点を $c^L_{\alpha/2, n}$($P(\chi^2(n) \leq c^L_{\alpha/2,n}) = \alpha/2$ となる点)，上側 $100\alpha/2\%$ 点を $c^U_{\alpha/2,n}$ ($P(\chi^2(n) \geq c^U_{\alpha/2,n}) = \alpha/2$ となる点) とします．

μ が既知のとき

$\tilde{\sigma}^2 = \sum_{i=1}^{n}(X_i - \mu)^2/n$ とすると，信頼係数 $1-\alpha$ の分散 σ^2 に関する信頼区間は以下で与えられます．

$$\frac{n\tilde{\sigma}^2}{c^U_{\alpha/2,n}} \leq \sigma^2 \leq \frac{n\tilde{\sigma}^2}{c^L_{\alpha/2,n}}$$

μ が未知のとき

標本平均値を $\overline{X}$，$S^2 = \sum_{i=1}^{n}(X_i - \overline{X})^2/(n-1)$ とすると，信頼係数 $1-\alpha$ の分散 σ^2 に関する信頼区間は以下で与えられます．

$$\frac{(n-1)S^2}{c^U_{\alpha/2,(n-1)}} \leq \sigma^2 \leq \frac{(n-1)S^2}{c^L_{\alpha/2,(n-1)}}$$

公式の使い方（例）

$X \sim N(0, \sigma^2)$ からの大きさ 10 の標本を考えます．今，X の平均が 0 だとわかっていて，$\tilde{\sigma}^2 = 9$ であるとすれば，信頼係数 0.95 の σ^2 に関する信頼区間は，$c^L_{0.025,10} = 3.247$，$c^U_{0.025,10} = 20.48$ なので，以下のようになります．

$$\frac{10 \times 9}{20.48} = 4.39 \leq \sigma^2 \leq \frac{10 \times 9}{3.247} = 27.72$$

一方，母平均が未知の場合，$S^2 = 10$ であるときには，信頼係数 0.95 の σ^2 に関する信頼区間

は，$c^L{}_{0.025,9}=2.700$，$c^U{}_{0.025,9}=19.02$ なので，次のようになります．

$$\frac{9\times 10}{19.02}=4.73\leq \sigma^2 \leq \frac{9\times 10}{2.7}=33.33$$

やってみましょう

以下，小数点以下第3位を四捨五入して，計算結果を求めます．

① $X\sim N(0,\sigma^2)$ からの大きさ5の標本を考えます．今，X の平均が0だとわかっていて，$\tilde{\sigma}^2=4$ であるとすれば，信頼係数0.9の σ^2 に関する信頼区間は，

$$c^L{}_{\square,\square}=\square,\quad c^U{}_{\square,\square}=\square$$

なので，求める区間は以下のようになります．

$$\frac{\square\times\square}{\square}=\square\leq\sigma^2\leq\frac{\square\times\square}{\square}=\square$$

一方，母平均が未知の場合，$S^2=5$ であるときには，信頼係数0.9の σ^2 に関する信頼区間は，

$$c^L{}_{\square,\square}=\square,\quad c^U{}_{\square,\square}=\square$$

なので，次のようになります．

$$\frac{\square\times\square}{\square}=\square\leq\sigma^2\leq\frac{\square\times\square}{\square}=\square$$

② では，実際のデータで練習してみましょう．あるバイクのガソリン1リットルあたりの走行距離が，正規分布に従うとします．5回の実験で，このバイクが走った走行距離は，25, 24, 25, 26, 26 km であったとして信頼係数0.9の σ^2 に関する信頼区間を求めましょう．もし，母平均 $\mu=25$ が既知であるとき，

$$\tilde{\sigma}^2=\square,\quad c^L{}_{\square,\square}=\square,\quad c^U{}_{\square,\square}=\square$$

となるので，求める区間は次のようになります．

$$\frac{\boxed{} \times \boxed{}}{\boxed{}} = \boxed{} \leq \sigma^2 \leq \frac{\boxed{} \times \boxed{}}{\boxed{}} = \boxed{}$$

一方,母平均が未知の場合,

$\overline{X} = \boxed{}$, $S^2 = \boxed{}$, $c^L_{\boxed{}} = \boxed{}$, $c^U_{\boxed{}} = \boxed{}$

となるので,求める区間は以下のようになります.

$$\frac{\boxed{} \times \boxed{}}{\boxed{}} = \boxed{} \leq \sigma^2 \leq \frac{\boxed{} \times \boxed{}}{\boxed{}} = \boxed{}$$

練習問題

① $X \sim N(0, \sigma^2)$ からの大きさ 10 の標本を考える.$\tilde{\sigma}^2 = 9$ のとき,信頼係数 0.95 の σ^2 に関する信頼区間を求めよ.また,母平均が未知で $S^2 = 11$ のときの信頼区間を求めよ.

② $X \sim N(2, \sigma^2)$ からの大きさ 30 の標本を考える.$\tilde{\sigma}^2 = 15$ のとき,信頼係数 0.95 の σ^2 に関する信頼区間を求めよ.また,母平均が未知で $S^2 = 18$ のときの信頼区間を求めよ.

③ $X \sim N(-3, \sigma^2)$ からの大きさ 20 の標本を考える.$\tilde{\sigma}^2 = 5$ のとき,信頼係数 0.99 の σ^2 に関する信頼区間を求めよ.また,母平均が未知で $S^2 = 6$ のときの信頼区間を求めよ.

④ あるバイクのガソリン 1 リットルあたりの走行可能距離が,正規分布に従うとする.走行可能距離の母平均を μ とする.5 回の実験により,この車が 1 リットルあたりに実際に走った距離が,28, 26, 27, 29, 28 km であったとする.母平均 $\mu = 28$ が既知である場合の,信頼係数 0.9 の分散 σ^2 の信頼区間を求めよ.

⑤ ある陸上選手の 10 km のタイムが正規分布に従うとする.この選手の過去 6 回のタイムは,42, 41, 42, 40, 39, 39 分であった.この選手の平均タイムの分散 σ^2 の,信頼係数 0.9 の信頼区間を求めよ.

⑥ あるプリンターのトナー 1 本あたりの印刷可能枚数が正規分布に従うとする.4 本のトナーを使った実験では,7000, 7100, 6800, 7100 枚印刷できた.母平均 $\mu = 7000$ が既知である場合の,信頼係数 0.99 の分散 σ^2 の信頼区間を求めよ.

⑦ あるスピードメーターの計測誤差は正規分布に従うとする.時速 120 km で投げられたボールを計測する実験を 5 回行ったところ,このメーターの誤差は,3, -2, 3, -2, 1 km であった.このスピードメーターの平均誤差の分散 σ^2 に関する,信頼係数 0.99 の信頼区間を求めよ.

答え

やってみましょうの答え

① $c^L_{0.05,\,5}=\boxed{1.145}$, $c^U_{0.05,\,5}=\boxed{11.07}$, $\dfrac{\boxed{5}\times\boxed{4}}{\boxed{11.07}}=\boxed{1.81}\leq\sigma^2\leq\dfrac{\boxed{5}\times\boxed{4}}{\boxed{1.145}}=\boxed{17.47}$

母平均が未知の場合

$c^L_{0.05,\,4}=\boxed{0.711}$, $c^U_{0.05,\,4}=\boxed{9.488}$, $\dfrac{\boxed{4}\times\boxed{5}}{\boxed{9.488}}=\boxed{2.11}\leq\sigma^2\leq\dfrac{\boxed{4}\times\boxed{5}}{\boxed{0.711}}=\boxed{28.13}$

② 母平均 $\mu=25$ が既知であるとき,

$\tilde{\sigma}^2=\boxed{0.6}$, $c^L_{0.05,\,5}=\boxed{1.145}$, $c^U_{0.05,\,5}=\boxed{11.07}$, $\dfrac{\boxed{5}\times\boxed{0.6}}{\boxed{11.07}}=\boxed{0.27}\leq\sigma^2\leq\dfrac{\boxed{5}\times\boxed{0.6}}{\boxed{1.415}}=\boxed{2.62}$

母平均が未知の場合,

$\overline{X}=\boxed{25.2}$, $S^2=\boxed{0.7}$, $c^L_{0.05,\,4}=\boxed{0.711}$, $c^U_{0.05,\,4}=\boxed{9.488}$,

$\dfrac{\boxed{4}\times\boxed{0.7}}{\boxed{9.488}}=\boxed{0.30}\leq\sigma^2\leq\dfrac{\boxed{4}\times\boxed{0.7}}{\boxed{0.711}}=\boxed{3.94}$

練習問題の答え

① 母平均既知の場合には, $c^L_{0.025,10}=3.247$, $c^U_{0.025,10}=20.48$, $10\times 9/20.48\leq\sigma^2\leq 10\times 9/3.247$ より, $4.39\leq\sigma^2\leq 27.72$. 母平均未知の場合には, $c^L_{0.025,9}=2.700$, $c^U_{0.025,9}=19.02$, $9\times 11/19.02\leq\sigma^2\leq 9\times 11/2.700$ より, $5.21\leq\sigma^2\leq 36.67$.

② 母平均既知の場合には, $c^L_{0.025,30}=16.79$, $c^U_{0.025,30}=46.98$, $30\times 15/46.98\leq\sigma^2\leq 30\times 15/16.79$ より, $9.58\leq\sigma^2\leq 26.80$. 母平均未知の場合には, $c^L_{0.025,29}=16.05$, $c^U_{0.025,29}=45.72$, $29\times 18/45.72\leq\sigma^2\leq 29\times 18/16.05$ より, $11.42\leq\sigma^2\leq 32.52$.

③ 母平均既知の場合には, $c^L_{0.005,20}=7.434$, $c^U_{0.005,20}=40.00$, $20\times 5/40.00\leq\sigma^2\leq 20\times 5/7.434$ より, $2.50\leq\sigma^2\leq 13.45$. 母平均未知の場合には, $c^L_{0.005,19}=6.844$, $c^U_{0.005,19}=38.58$, $19\times 6/38.58\leq\sigma^2\leq 19\times 6/6.844$ より, $2.95\leq\sigma^2\leq 16.66$.

④ $c^L_{0.05,5}=1.145$, $c^U_{0.05,5}=11.07$, $\tilde{\sigma}^2=1.2$ となるので, $5\times 1.2/11.07\leq\sigma^2\leq 5\times 1.2/1.145$ より, $0.54\leq\sigma^2\leq 5.24$.

⑤ $c^L_{0.05,5}=1.145$, $c^U_{0.05,5}=11.07$, $\overline{X}=40.5$, $S^2=1.9$ となるので, $5\times 1.9/11.07\leq\sigma^2\leq 5\times 1.9/1.145$ より, $0.86\leq\sigma^2\leq 8.30$.

⑥ $c^L_{0.005,4}=0.207$, $c^U_{0.005,4}=14.86$, $\tilde{\sigma}^2=15000$ となるので, $4\times 15000/14.86\leq\sigma^2\leq 4\times 15000/0.207$ より, $4037.69\leq\sigma^2\leq 289855.07$.

⑦ $c^L_{0.005,4}=0.207$, $c^U_{0.005,4}=14.86$, $\overline{X}=0.6$, $S^2=6.3$ となるので, $4\times 6.3/14.86\leq\sigma^2\leq 4\times 6.3/0.207$ より, $1.70\leq\sigma^2\leq 121.74$.

19 平均値の検定（分散が既知の場合）

ここでは，分散がわかっている正規母集団からの標本平均値の仮説検定を行いましょう．

手順

一般的な仮説検定の手順

①　帰無仮説（H_0）と対立仮説（H_1）の設定
↓
②　検定統計量の作成
↓
③　検定統計量の分布の導出
↓
④　有意水準 α の設定
↓
⑤　受容域と棄却域の設定
↓
⑥　実際のデータから検定統計量の実現値を計算
↓
⑦　検定結果の判断

①　パラメータに関して「正しいかどうか」判断したい仮説を帰無仮説（H_0）といい，それを否定する仮説を対立仮説（H_1）といいます．

②　設定した帰無仮説が妥当かどうか判断するための統計量を，検定統計量といいます．検定統計量は，検定したい仮説などに依存して，さまざまな形で提案されています．

③　帰無仮説の下での検定統計量の分布を求めます．

④　帰無仮説が，得られた標本と整合的かどうか判断するのが仮説検定の目的ですが，標本の大きさ n が有限である以上，100％仮説が正しいかどうか判断することは不可能です．したがって，仮説検定には「誤り」がつき物なのです．そこで，帰無仮説が正しいにもかかわらず，誤って「帰無仮説は正しくない」と判断してしまうことを，第1種の過誤といいます．この第1種の過誤が起こる確率を有意水準といいます．有意水準はしばしば，1％(0.01)や5％(0.05)，10％(0.1) などに設定されます．

⑤　検定統計量がある範囲内に入るときに帰無仮説を受容(採択)し，その範囲に入らなければ帰無仮説を棄却します．受容(採択)する範囲を受容域，棄却する範囲を棄却域といいます．帰無仮説の下で，検定統計量が棄却域に入る確率が有意水準 α と等しくなるように(もしくは，検定統計量が受容域に入る確率が $1-\alpha$ となるように)これらの領域を決定します．
⑥　実際の観測値から検定統計量を作成します．
⑦　検定統計量の実現値が受容域に入るとき，帰無仮説を受容(採択)し，棄却域に入るとき，帰無仮説を棄却します．なお，帰無仮説を受容(採択)するということは，「帰無仮説が正しい」という意味ではなく，観測値の動きと帰無仮説の内容には矛盾点がない，という程度の弱い意味であることに注意しましょう．

平均値の検定の手順(分散既知)

では，平均値の検定の手順を確認してみましょう．正規母集団 $N(\mu, \sigma^2)$ からの大きさ n の無作為標本を $\{X_1, X_2, \cdots, X_n\}$ とします．また，Z は標準正規分布，z_α, $z_{\alpha/2}$ は Z の上側 $100\alpha\%$, $100\alpha/2\%$ 点とします．

---

① 　　　　　$H_0: \mu = \mu_0$ v.s. $H_1: \mu \neq \mu_0$
　　　　　　　　　　　　↓
　　　(または $H_1: \mu < \mu_0$, または $H_1: \mu > \mu_0$)
　　　　　　　　　　　　↓
② 　　　　　検定統計量：標本平均値 $\overline{X}$
　　　　　　　　　　　　↓
③ 　　　　　帰無仮説の下，$\overline{X} \sim N\left(\mu_0, \dfrac{\sigma^2}{n}\right)$
　　　　　　　　　　　　↓
④ 　　　　　α を決める
　　　　　　　　　　　　↓
⑤ 　　　　　棄却域：$\dfrac{|\overline{X} - \mu_0|}{\sigma/\sqrt{n}} \geq z_{\alpha/2}$

　　　$\left(\text{または } \dfrac{\overline{X} - \mu_0}{\sigma/\sqrt{n}} \leq -z_\alpha, \text{ または } \dfrac{\overline{X} - \mu_0}{\sigma/\sqrt{n}} \geq z_\alpha\right)$
　　　　　　　　　　　　↓
⑥ 　　　　　$\overline{X}$ を計算
　　　　　　　　　　　　↓
⑦ 　　　　　$\overline{X}$ の実現値と棄却域を比較

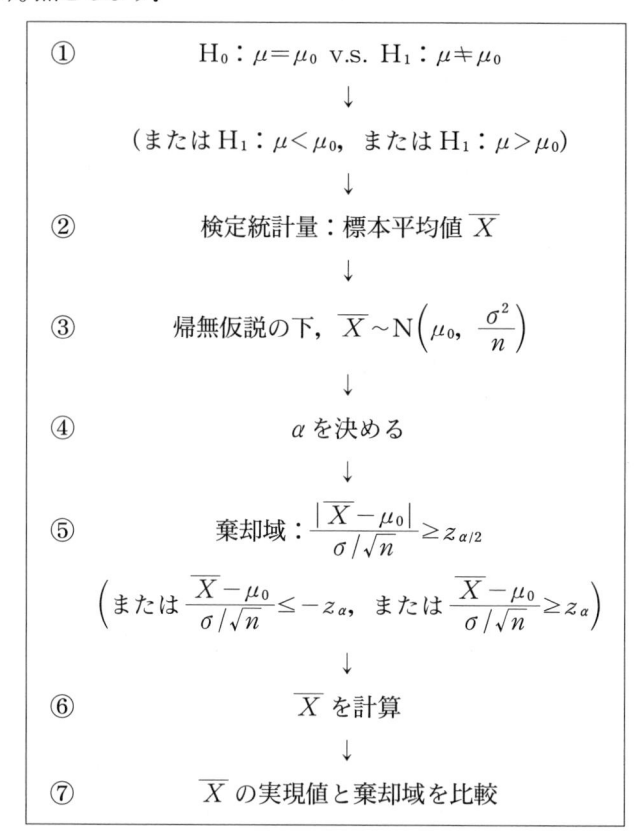

①　母集団の平均値が μ_0 であるかどうか判断したいとしましょう．このとき，帰無仮説は $\mu = \mu_0$ で，これを否定する仮説は $\mu \neq \mu_0$ です．これは，μ が μ_0 より大きくても小さくてもいけない，ということを意味するので，両側対立仮説と呼ばれます．なお，検定したい問題によって，

対立仮説は $\mu>\mu_0$ や $\mu<\mu_0$ などと設定することがあります．このような対立仮説は，片側対立仮説と呼ばれます．

② 今，考えているのは母集団平均値に関する検定ですから，母集団平均値の推定量として自然なものは標本平均値 $\overline{X}=(\sum_{i=1}^{n} X_i)/n$ であることはいうまでもないでしょう．したがって，$\overline{X}$ を検定統計量として利用します．

③ 正規母集団からの標本平均値は，$\overline{X} \sim N(\mu, \sigma^2/n)$ であることがわかっています．

④ 有意水準 α を設定します．

⑤ 直感的に，検定統計量の値が μ_0 に近ければ帰無仮説を受容，μ_0 から遠く離れれば棄却する，とすればよいのですから，棄却域は $|\overline{X}-\mu_0| \geq c$ という領域になります．ここで，有意水準を α と設定したので，棄却域を

$$\frac{|\overline{X}-\mu_0|}{\sigma/\sqrt{n}} \geq z_{\alpha/2}$$

とすれば，上の確率は帰無仮説の下で α となり，かつ，$\overline{X}$ が μ_0 から離れたときに帰無仮説を棄却することになります．

片側対立仮説の場合も，同様にして棄却域を設定します．

⑥ 実際の観測値から $\overline{X}$ を計算します．

⑦ $\overline{X}$ の実現値が上で求めた棄却域に入らなければ，帰無仮説は受容，棄却域に入れば帰無仮説を棄却する，と結論づけます．

例

分散が 9 である正規母集団から得られた無作為標本が，1，-2，-1，3，2 であったとします．有意水準 0.05 で帰無仮説 $H_0: \mu=0$ を対立仮説 $H_1: \mu \neq 0$ に対して検定を行います．標準正規分布表より，$z_{\alpha/2}=z_{0.025}=1.960$ ですから，棄却域は，

$$\frac{|\overline{X}-0|}{3/\sqrt{5}} \geq 1.960$$

となります．今，標本平均値は 0.6 ですから，上式左辺の値は $|0.6-0|/(3/\sqrt{5})=0.447$ となり，1.96 より小さな値なので，帰無仮説は受容されます．

やってみましょう

以下，小数点以下第 4 位を四捨五入します．

① 分散が 4 である正規母集団から得られた無作為標本が，3，5，4，6，7 であったとします．有意水準 0.05 で帰無仮説 $H_0: \mu=4$ を対立仮説 $H_1: \mu \neq 4$ に対して仮説検定を行いましょう．

標準正規分布表より，$z_{\alpha/2}=z_{\boxed{}}=\boxed{}$ですから，棄却域は，

$$\boxed{}$$

となります．今，標本平均値は$\boxed{}$ですから，上式左辺の値は$\boxed{}$となるので，帰無仮説は$\boxed{}$されます．

では，対立仮説が$H_1: \mu<4$の場合の仮説検定も行ってみましょう．この場合，棄却域は，

$$\boxed{}$$

となります．上式左辺の値は$\boxed{}$となるので，対立仮説を$H_1: \mu<4$と設定した場合には，帰無仮説は$\boxed{}$されます．

逆に，対立仮説が$H_1: \mu>4$の場合はどうでしょうか．この場合，棄却域は，

$$\boxed{}$$

となります．上式左辺の値は$\boxed{}$となるので，対立仮説を$H_1: \mu>4$と設定した場合には，帰無仮説は$\boxed{}$されます．

② それでは，次のような問題を考えてみましょう．ある自動車のガソリン1リットルあたりの走行距離が，平均μ，分散0.25の正規分布に従うとします．5回の実験により，この車が1リットルで実際に走った距離が，10, 10.5, 9.5, 9.5, 10.3 kmであったとしましょう．この自動車の平均走行距離が10 kmである，という仮説を有意水準10％で検定してみましょう．

まず，上の問題設定より，帰無仮説は$H_0: \mu=\boxed{}$となり，これに対する対立仮説は，単純に帰無仮説を否定すればよいので，$H_1: \boxed{}$となります．したがって，

　　　　$H_0:$ _____ v.s. $H_1:$ _____

となります．今，帰無仮説の下では $\overline{X} \sim$ _____ ですから，棄却域は

_____

のように設定できます．一方，実験より $\overline{X} =$ _____ ですから，上式左辺の値は _____ と

なります．したがって，この場合は帰無仮説を _____ することになります．

③ 次に，自動車メーカーが，この自動車のエンジンを改良して，燃費の向上を図ったとしましょう．新しいエンジンを積んで実験を行ったところ，この車がガソリン1リットルで実際に走った距離が 10.5, 12, 11, 11.5, 11 km であったとします．改良前の自動車の真の平均走行距離が 10 km，また，エンジン改良後の分布が $N(\mu, 0.25)$ に従うとします．このとき，燃費が改善されたかどうか，有意水準5％で仮説検定を行ってみましょう．

　まず，仮説の設定ですが，帰無仮説は「燃費が以前と同じである」，というように設定して，$H_0:$ _____ とします．一方，対立仮説ですが，この場合は，問題の関心が「燃費が良くなったかどうか」であって，燃費が悪くなるということは想定しません．したがって，対立仮説は「燃費が前より良くなった」と設定して，$H_1:$ _____ とします．したがって，

　　　　$H_0:$ _____ v.s. $H_1:$ _____

となります．今，帰無仮説の下では $\overline{X} \sim$ _____ ですから，片側対立仮説を設定して

いることに注意して，棄却域は以下のように設定します．

_____

ここで，実験より $\overline{X} =$ _____ ですから，上式左辺の値は _____ となります．したがって，この場合は帰無仮説を _____ することになります．

練習問題

以下，$z_{0.1}=1.28$，$z_{0.05}=1.645$，$z_{0.025}=1.96$ として答えよ．

① 分散が 4 である正規母集団からの大きさ 5 の標本平均値が 2 であるとする．$H_0: \mu=1$ を両側対立仮説に対して，有意水準 10％ で検定せよ．

② 分散が 4 である正規母集団からの大きさ 20 の標本平均値が 2 であるとする．$H_0: \mu=1$ を両側対立仮説に対して，有意水準 10％ で検定せよ．

③ 分散が 9 である正規母集団からの大きさ 9 の標本平均値が 4 であるとする．$H_0: \mu=3$ を $H_1: \mu>3$ に対して，有意水準 5％ で検定せよ．

④ 分散が 9 である正規母集団からの大きさ 20 の標本平均値が 4 であるとする．$H_0: \mu=3$ を $H_1: \mu>3$ に対して，有意水準 5％ で検定せよ．

⑤ 分散が 9 である正規母集団からの大きさ 9 の標本平均値が 1.5 であるとする．$H_0: \mu=3$ を $H_1: \mu<3$ に対して，有意水準 5％ で検定せよ．

⑥ 分散が 9 である正規母集団からの大きさ 20 の標本平均値が 1.5 であるとする．$H_0: \mu=3$ を $H_1: \mu<3$ に対して，有意水準 5％ で検定せよ．

⑦ ある電球の寿命が，分散 10000 の正規分布に従うとする．4 つの電球を調べたところ，その寿命は 980，1200，1100，990 時間であった．電球の平均寿命が 1000 時間であるかどうか，有意水準 5％ で検定せよ．

⑧ ある銘柄の株価の収益率が，分散 16 の正規分布に従うとする．過去 6 ヶ月の収益率が，3.5，−2，−4，5，−4.5，6 であった．収益率の平均値が 0 であるかどうか，有意水準 5％ で検定せよ．

⑨ ある工場で生産された 120 分ビデオテープの実際の録画可能時間が，分散 4 の正規分布に従うとする．5 本のテープを調べたところ，録画可能時間は 122，121，124，121，123 分であった．メーカー側は，ビデオの録画時間を 120 分より若干，長目に製造しているように思われるが，どうだろうか．有意水準 5％ で検定せよ．

⑩ ある時計の 1 ヶ月あたりの誤差が，分散 100 の正規分布に従うとする．6 ヶ月間，この時計の 1 ヶ月あたりの誤差を計ったところ，−12，−5，−10，−15，−5，−10 秒であった．この時計は，実際の時間よりも遅れがちに思えるが，どうだろうか．有意水準 10％ で検定せよ．

答え

やってみましょうの答え

① $z_{\alpha/2} = z_{\boxed{0.025}} = \boxed{1.96}$ ですから，棄却域は，$\boxed{\dfrac{|\overline{X}-4|}{\frac{2}{\sqrt{5}}} \geq 1.96}$

標本平均値は $\boxed{5}$，左辺の値は $\boxed{1.118}$ となるので，帰無仮説は $\boxed{受容}$ されます．

$H_1: \mu < 4$ の場合，棄却域は，$\boxed{\dfrac{\overline{X}-4}{\frac{2}{\sqrt{5}}} \leq -1.645}$，左辺の値は $\boxed{1.118}$ となるので，

帰無仮説は $\boxed{受容}$ されます．

$H_1: \mu > 4$ の場合，棄却域は，$\boxed{\dfrac{\overline{X}-4}{\frac{2}{\sqrt{5}}} \geq 1.645}$，左辺の値は $\boxed{1.118}$ となるので，

帰無仮説は $\boxed{受容}$ されます．

② 帰無仮説は $H_0: \mu = \boxed{10}$ となり，対立仮説は $H_1: \boxed{\mu \neq 10}$ となります．

$H_0: \boxed{\mu = 10}$ v.s. $H_1: \boxed{\mu \neq 10}$

$\overline{X} \sim \boxed{N\left(10, \dfrac{0.25}{5}\right)}$ ですから，棄却域は，$\boxed{\dfrac{|\overline{X}-10|}{\frac{0.5}{\sqrt{5}}} \geq 1.645}$

$\overline{X} = \boxed{9.96}$ ですから，左辺の値は $\boxed{0.179}$ となります．帰無仮説を $\boxed{受容}$ することになります．

③ 帰無仮説は，$H_0: \boxed{\mu = 10}$

対立仮説は，$H_1: \boxed{\mu > 10}$ とします．

$H_0: \boxed{\mu = 10}$ v.s. $H_1: \boxed{\mu > 10}$

$\overline{X} \sim \boxed{N\left(10, \dfrac{0.25}{5}\right)}$ ですから，

棄却域は $\boxed{\dfrac{\overline{X}-10}{\frac{0.5}{\sqrt{5}}} > 1.645}$

$\overline{X} = \boxed{11.2}$ ですから，左辺の値は $\boxed{5.367}$．したがって，帰無仮説を $\boxed{棄却}$ することになります．

練習問題の答え

① $H_0: \mu=1$, $H_1: \mu \neq 1$ とする．棄却域は，$|\overline{X}-1|/(2/\sqrt{5}) \geq 1.645$ で，この式の左辺を観測値で評価すると 1.118 なので，帰無仮説を受容する．

② $H_0: \mu=1$, $H_1: \mu \neq 1$ とする．棄却域は，$|\overline{X}-1|/(2/\sqrt{20}) \geq 1.645$ で，この式の左辺を観測値で評価すると 2.236 なので，帰無仮説を棄却する．

③ 棄却域は，$(\overline{X}-3)/(3/\sqrt{9}) \geq 1.645$ で，この式の左辺を観測値で評価すると 1 なので，帰無仮説を受容する．

④ 棄却域は，$(\overline{X}-3)/(3/\sqrt{20}) \geq 1.645$ で，この式の左辺を観測値で評価すると 1.491 なので，帰無仮説を受容する．

⑤ 棄却域は，$(\overline{X}-3)/(3/\sqrt{9}) \leq -1.645$ で，この式の左辺を観測値で評価すると -1.5 なので，帰無仮説を受容する．

⑥ 棄却域は，$(\overline{X}-3)/(3/\sqrt{20}) \leq -1.645$ で，この式の左辺を観測値で評価すると -2.236 なので，帰無仮説を棄却する．

⑦ 電球の平均寿命を μ とする．帰無仮説は $H_0: \mu=1000$ とする．今，調べたいことは平均寿命が 1000 時間かどうか，ということであるから，対立仮説は $H_1: \mu \neq 1000$ とする．すると，棄却域は $|\overline{X}-1000|/(100/\sqrt{4}) > 1.96$ となる．この式の左辺を $\overline{X}=1067.5$ で評価すると 1.35 なので，帰無仮説を受容する．

⑧ 株価の平均収益率を μ とする．帰無仮説は $H_0: \mu=0$ とする．今，調べたいことは平均収益率が 0 かどうか，ということであるから，対立仮説は $H_1: \mu \neq 0$ とする．すると，棄却域は $|\overline{X}|/(4/\sqrt{6}) > 1.96$ となる．この式の左辺を $\overline{X}=2/3$ で評価すると 0.408 なので，帰無仮説を受容する．

⑨ テープの平均録画可能時間を μ とする．帰無仮説は $H_0: \mu=120$ とする．今，調べたいことは，録画時間が 120 分より長いかどうかであり，120 分より短いということは想定していないので，対立仮説は $H_1: \mu>120$ とする．すると，棄却域は $(\overline{X}-120)/(2/\sqrt{5}) > 1.645$ となる．この式の左辺を $\overline{X}=122.2$ で評価すると 2.460 なので，帰無仮説を棄却する．

⑩ 時計の平均誤差を μ とする．知りたいことは，時計は正確なのか遅れがちなのか，ということなので，帰無仮説は $H_0: \mu=0$ とする．また，ここでは時計が早く進むかどうかということには関心がないので，$H_1: \mu<0$ とする．すると，棄却域は $\overline{X}/(10/\sqrt{6}) < -1.28$ となる．この式の左辺を $\overline{X}=-9.5$ で評価すると -2.327 なので，帰無仮説を棄却する．

20 平均値の検定(分散が未知の場合)

ここでは，分散がわからない正規母集団からの標本平均値の仮説検定を行いましょう．

手順

正規母集団 $N(\mu, \sigma^2)$ からの大きさ n の無作為標本を $\{X_1, X_2, \cdots, X_n\}$，標本平均値を $\overline{X}$，標本分散を $S^2 = \sum_{i=1}^{n}(X_i - \overline{X})^2/(n-1)$ とします．また，$t_{\alpha, n-1}$，$t_{\alpha/2, n-1}$ は自由度 $(n-1)$ の t 分布の上側 $100\alpha\%$，$100\alpha/2\%$ 点とします．

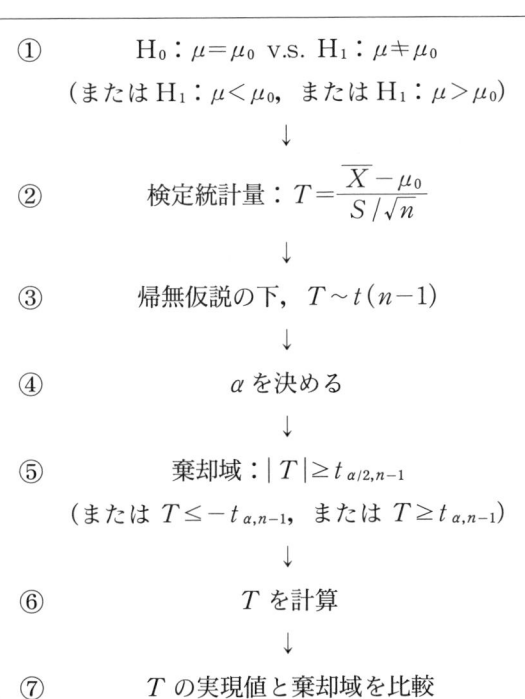

① $H_0 : \mu = \mu_0$ v.s. $H_1 : \mu \neq \mu_0$
   (または $H_1 : \mu < \mu_0$，または $H_1 : \mu > \mu_0$)
   ↓
② 検定統計量： $T = \dfrac{\overline{X} - \mu_0}{S/\sqrt{n}}$
   ↓
③ 帰無仮説の下，$T \sim t(n-1)$
   ↓
④ α を決める
   ↓
⑤ 棄却域：$|T| \geq t_{\alpha/2, n-1}$
   (または $T \leq -t_{\alpha, n-1}$，または $T \geq t_{\alpha, n-1}$)
   ↓
⑥ T を計算
   ↓
⑦ T の実現値と棄却域を比較

例

正規母集団から得られた無作為標本が，1, −2, −1, 3, 2 であったとします．有意水準 0.05 で帰無仮説 $H_0 : \mu = 0$ を対立仮説 $H_1 : \mu \neq 0$ に対して仮説検定を行います．$S = 2.074$，$t_{\alpha/2, 4} = t_{0.025, 4} = 2.776$ ですから，棄却域は，

$$\left|\frac{\overline{X}-0}{2.074/\sqrt{5}}\right| \geq 2.776$$

となります．今，標本平均値は 0.6 ですから，上式左辺の値は $|(0.6-0)/(2.074/\sqrt{5})|=0.647$ となり，2.776 より小さな値なので，帰無仮説は受容されます．

やってみましょう

以下，小数点以下第 4 位を四捨五入します．

① 正規母集団から得られた無作為標本が，3, 5, 4, 6, 7 であったとします．有意水準 0.05 で帰無仮説 $H_0: \mu=3$ を対立仮説 $H_1: \mu \neq 3$ に対して仮説検定を行いましょう．今，$S=1.581$，$t_{\alpha/2, n-1}=t_{\rule{1cm}{0.15mm}, \rule{1cm}{0.15mm}}=\rule{1cm}{0.15mm}$ ですから，棄却域は，

となります．今，標本平均値は＿＿＿ですから，上式左辺の値は＿＿＿となるので，帰無仮説は＿＿＿されます．

では，対立仮説が $H_1: \mu<3$ の場合の仮説検定も行ってみましょう．この場合，棄却域は，

となります．上式左辺の値は＿＿＿となるので，対立仮説を $H_1: \mu<3$ と設定した場合には，帰無仮説は＿＿＿されます．

逆に，対立仮説が $H_1: \mu>3$ の場合はどうでしょうか．この場合，棄却域は，

となります．上式左辺の値は〔　　〕となるので，対立仮説を $H_1: \mu > 3$ と設定した場合には，帰無仮説は〔　　〕されます．

② それでは，次のような問題を考えてみましょう．ある自動車のガソリン1リットルあたりの走行距離が，平均 μ の正規分布に従うとします．5回の実験により，この車が1リットルで実際に走った距離が，10, 10.5, 9.5, 9.5, 10.3 km であったとしましょう．この自動車の平均走行距離が10 km である，という仮説を有意水準10％で検定してみましょう．

まず，上の問題設定より，帰無仮説は $H_0: \mu =$〔　　〕となり，これに対する対立仮説は，単純に帰無仮説を否定すればよいので，$H_1:$〔　　〕となります．したがって，

$$H_0: \text{〔　　〕} \quad \text{v.s.} \quad H_1: \text{〔　　〕}$$

となります．今，$S =$〔　　〕ですから，棄却域は以下のように設定できます．

一方，実験より $\overline{X} =$〔　　〕ですから，上式左辺の値は〔　　〕となります．したがって，この場合は帰無仮説を〔　　〕することになります．

③ 今，自動車メーカーが，この自動車のエンジンを改良して，燃費の向上を図ったとしましょう．新しいエンジンを積んで実験を行ったところ，この車がガソリン1リットルで実際に走った距離が10.5, 12, 11, 11.5, 11 km であったとします．改良前の自動車の真の平均走行距離が10 km だとして，燃費が改善されたかどうか，有意水準5％で仮説検定を行ってみましょう．

まず，仮説の設定ですが，帰無仮説は「燃費が以前と同じである」，というように設定して，$H_0:$〔　　〕とします．一方，対立仮説ですが，この場合は，問題の関心が「燃費が良くなったかどうか」であって，燃費が悪くなるということは想定しません．したがって，対立仮説は「燃費が前より良くなった」と設定して，$H_1:$〔　　〕とします．したがって，

$$H_0: \text{〔　　〕} \quad \text{v.s.} \quad H_1: \text{〔　　〕}$$

となります．今，帰無仮説の下では $S=$ ☐ ですから，片側対立仮説を設定していることに注意して，棄却域は以下のように設定します．

☐

ここで，実験より $\overline{X}=$ ☐ ですから，上式左辺の値は ☐ となります．したがって，この場合は帰無仮説を ☐ することになります．

練習問題

① 正規母集団からの大きさ5の標本平均値が2，標本分散 $S^2=1$ であるとする．$H_0: \mu=1$ を両側対立仮説に対して，有意水準10％で検定せよ．

② 正規母集団からの大きさ5の標本平均値が2，標本分散 $S^2=4$ であるとする．$H_0: \mu=1$ を両側対立仮説に対して，有意水準10％で検定せよ．

③ 正規母集団からの大きさ9の標本平均値が4，標本分散 $S^2=1$ であるとする．$H_0: \mu=3$ を $H_1: \mu>3$ に対して，有意水準5％で検定せよ．

④ 正規母集団からの大きさ9の標本平均値が4，標本分散 $S^2=16$ であるとする．$H_0: \mu=3$ を $H_1: \mu>3$ に対して，有意水準5％で検定せよ．

⑤ 正規母集団からの大きさ9の標本平均値が1.5，標本分散 $S^2=4$ であるとする．$H_0: \mu=3$ を $H_1: \mu<3$ に対して，有意水準5％で検定せよ．

⑥ 正規母集団からの大きさ9の標本平均値が1.5，標本分散 $S^2=25$ であるとする．$H_0: \mu=3$ を $H_1: \mu<3$ に対して，有意水準5％で検定せよ．

⑦ ある電球の寿命が正規分布に従うとする．4つの電球を調べたところ，その寿命は980，1200，1100，990時間であった．電球の平均寿命が1000時間であるかどうか，有意水準5％で検定せよ．

⑧ ある銘柄の株価の収益率が正規分布に従うとする．過去6ヶ月収益率が，3.5，-2，-4，5，-4.5，6であった．収益率の平均値が0であるかどうか，有意水準5％で検定せよ．

⑨ ある工場で生産された120分ビデオテープの実際の録画可能時間が正規分布に従うとする．5本のテープを調べたところ，録画可能時間は122，121，124，121，123分であった．メーカー側は，ビデオの録画時間を120分より若干，長目に製造しているように思われるが，どうだろうか．有意水準5％で検定せよ．

⑩ ある時計の1ヶ月あたりの誤差が正規分布に従うとする．6ヶ月間，この時計の1ヶ月あたりの誤差を計ったところ，-12, -5, -10, -15, -5, -10 秒であった．この時計は，実際の時間よりも遅れがちに思えるが，どうだろうか．有意水準10％で検定せよ．

答え

やってみましょうの答え

① $t_{\alpha/2,\ n-1} = t_{\boxed{0.025},\ \boxed{4}} = \boxed{2.776}$ ですから，棄却域は，$\boxed{\dfrac{|\overline{X}-3|}{\dfrac{1.581}{\sqrt{5}}} \geq 2.776}$

今，標本平均値は $\boxed{5}$ ですから，左辺の値は $\boxed{2.829}$ となるので，帰無仮説は $\boxed{棄却}$ されます．

対立仮説が $H_1 : \mu < 3$ の場合，棄却域は $\boxed{\dfrac{\overline{X}-3}{\dfrac{1.581}{\sqrt{5}}} \leq -2.131}$

左辺の値は $\boxed{2.829}$ となるので，帰無仮説は $\boxed{受容}$ されます．

対立仮説が $H_1 : \mu > 3$ の場合，棄却域は $\boxed{\dfrac{\overline{X}-3}{\dfrac{1.581}{\sqrt{5}}} \geq 2.131}$

左辺の値は $\boxed{2.829}$ となるので，帰無仮説は $\boxed{棄却}$ されます．

② 帰無仮説は $H_0 : \mu = \boxed{10}$ となり，対立仮説が $H_1 : \boxed{\mu \neq 10}$ となります．

$H_0 : \boxed{\mu = 10}$ v.s. $H_1 : \boxed{\mu \neq 10}$

今，$S = \boxed{0.456}$ ですから，棄却域は $\boxed{\dfrac{|\overline{X}-10|}{\dfrac{0.456}{\sqrt{5}}} \geq 2.132}$

$\overline{X} = \boxed{9.96}$ ですから，左辺の値は $\boxed{0.196}$ となり，帰無仮説を $\boxed{受容}$ することになります．

③ $H_0 : \boxed{\mu = 10}$, $H_1 : \boxed{\mu > 10}$ とします．

$H_0 : \boxed{\mu = 10}$ v.s. $H_1 : \boxed{\mu > 10}$

今，$S = \boxed{0.570}$ ですから，棄却域は $\boxed{\dfrac{\overline{X}-10}{\dfrac{0.570}{\sqrt{5}}} \geq 2.132}$

$\overline{X} = \boxed{11.2}$ ですから，左辺の値は $\boxed{4.708}$ となり，帰無仮説を $\boxed{棄却}$ することになります．

練習問題の答え

① $H_0: \mu=1$, $H_1: \mu\neq 1$ とする．帰無仮説の下では $T\sim t(4)$ であるから，有意水準 10％ の棄却域は，$|T|\geq 2.132$ である．今，$\overline{X}=2$, $S=1$ で T を評価すると 2.236 なので，帰無仮説を棄却する．

② $H_0: \mu=1$, $H_1: \mu\neq 1$ とする．帰無仮説の下では $T\sim t(4)$ であるから，有意水準 10％ の棄却域は，$|T|\geq 2.132$ である．今，$\overline{X}=2$, $S=2$ で T を評価すると 1.118 なので，帰無仮説を受容する．

③ 帰無仮説の下では $T\sim t(8)$ であるから，有意水準 5％ の棄却域は，$T\geq 1.860$ である．今，$\overline{X}=4$, $S=1$ で T を評価すると 3 なので，帰無仮説を棄却する．

④ 帰無仮説の下では $T\sim t(8)$ であるから，有意水準 5％ の棄却域は，$T\geq 1.860$ である．今，$\overline{X}=4$, $S=4$ で T を評価すると 0.75 なので，帰無仮説を受容する．

⑤ 帰無仮説の下では $T\sim t(8)$ であるから，有意水準 5％ の棄却域は，$T\leq -1.860$ である．今，$\overline{X}=1.5$, $S=2$ で T を評価すると -2.25 なので，帰無仮説を棄却する．

⑥ 帰無仮説の下では $T\sim t(8)$ であるから，有意水準 5％ の棄却域は，$T\leq -1.860$ である．今，$\overline{X}=1.5$, $S=5$ で T を評価すると -0.9 なので，帰無仮説を受容する．

⑦ 電球の平均寿命を μ とする．帰無仮説は $H_0: \mu=1000$ とする．今，調べたいことは平均寿命が 1000 時間かどうか，ということであるから，対立仮説は $H_1: \mu\neq 1000$ とする．検定統計量 T は帰無仮説の下で，自由度 3 の t 分布に従うので，棄却域は $|T|\geq 3.182$ となる．この式の左辺を $\overline{X}=1067.5$, $S=103.7224$ で評価すると 1.302 なので，帰無仮説を受容する．

⑧ 株価の平均収益率を μ とする．帰無仮説は $H_0: \mu=0$ とする．今，調べたいことは平均収益率が 0 かどうか，ということであるから，対立仮説は $H_1: \mu\neq 0$ とする．検定統計量 T は帰無仮説の下で，自由度 5 の t 分布に従うので，棄却域は $|T|\geq 2.571$ となる．この式の左辺を $\overline{X}=2/3$, $S=4.708$ で評価すると 0.347 なので，帰無仮説を受容する．

⑨ テープの平均録画可能時間を μ とする．帰無仮説は $\mu=120$ とする．今，調べたいことは，録画時間が 120 分より長いかどうかであり，120 分より短いということは想定していないので，対立仮説は $H_1: \mu>120$ とする．検定統計量 T は帰無仮説の下で，自由度 4 の t 分布に従うので，棄却域は $T\geq 2.132$ となる．この式の左辺を $\overline{X}=122.2$, $S=1.304$ で評価すると 3.773 なので，帰無仮説を棄却する．

⑩ 時計の平均誤差を μ とする．知りたいことは，時計は正確なのか遅れがちなのか，ということなので，帰無仮説は $H_0: \mu=0$ とする．また，ここでは時計が早く進むかどうかということには関心がないので，$H_1: \mu<0$ とする．検定統計量 T は帰無仮説の下で，自由度 5 の t 分布に従うので，棄却域は $T\leq -1.476$ となる．この式の左辺を $\overline{X}=-9.5$, $S=3.937$ で評価すると -5.911 なので，帰無仮説を棄却する．

21 平均値の差の検定

ここでは，異なる母集団の平均値が等しいかどうか検定する方法を勉強しましょう．

手 順

$N(\mu_1, \sigma_1^2)$ の母集団 1 から大きさ n_1 の無作為標本の平均値を $\overline{X}_1$，$N(\mu_2, \sigma_2^2)$ の母集団 2 から大きさ n_2 の無作為標本の平均値を $\overline{X}_2$ とし，それぞれの標本は互いに独立であるとします．このとき，2 つの母集団の平均値が等しいかどうかの仮説検定を考えましょう．以下，$z_{\alpha/2}$ を $N(0, 1)$ の上側 $100\alpha/2\%$ 点とします．

① $H_0 : \mu_1 - \mu_2 = 0$ v.s. $H_1 : \mu_1 - \mu_2 \neq 0$
↓
② 検定統計量：$\overline{X}_1 - \overline{X}_2$
↓
③ 帰無仮説の下，$\overline{X}_1 - \overline{X}_2 \sim N\left(0, \dfrac{\sigma_1^2}{n_1} + \dfrac{\sigma_2^2}{n_2}\right)$
↓
④ α を決める
↓
⑤ 棄却域：$\dfrac{|\overline{X}_1 - \overline{X}_2|}{\sqrt{\sigma_1^2/n_1 + \sigma_2^2/n_2}} \geq z_{\alpha/2}$
↓
⑥ $\overline{X}_1 - \overline{X}_2$ を計算
↓
⑦ $\overline{X}_1 - \overline{X}_2$ の実現値と棄却域を比較

例

$N(\mu_1, 9)$ より $n = 9$，$\overline{X}_1 = 5$，$N(\mu_1, 4)$ より $n = 4$，$\overline{X}_2 = 4$ が得られたとします．有意水準 0.05 で帰無仮説 $H_0 : \mu_1 - \mu_2 = 0$ を $H_1 : \mu_1 - \mu_2 \neq 0$ に対して検定します．棄却域は，

$$\frac{|\overline{X}_1-\overline{X}_2|}{\sqrt{9/9+4/4}} \geq 1.96$$

となります．今，$\overline{X}_1-\overline{X}_2$ の実現値は $5-4=1$ ですから，上式左辺の値は $|1|/\sqrt{2}=0.707$ となり，1.96 より小さな値なので，帰無仮説は受容されます．

やってみましょう

以下，小数点以下第4位を四捨五入します．

① 正規母集団 $N(\mu_1, 4)$ から得られた無作為標本が，6, 3, 5, 7, 7，正規母集団 $N(\mu_2, 5)$ から得られた無作為標本が，7, 5, 9, 6, 4 であるとします．有意水準 0.05 で帰無仮説 $H_0: \mu_1-\mu_2=0$ を対立仮説 $H_1: \mu_1-\mu_2 \neq 0$ に対して仮説検定を行いましょう．今，

$$\overline{X}_1 \sim N(\boxed{}, \boxed{}), \quad \overline{X}_2 \sim N(\boxed{}, \boxed{})$$

ですから，2つの母集団からの無作為標本が独立であるとすると，帰無仮説の下では，

$$\overline{X}_1 - \overline{X}_2 \sim N(\boxed{}, \boxed{})$$

となります．したがって，棄却域は，

$$\boxed{}$$

となります．今，$\overline{X}_1=\boxed{}$，$\overline{X}_2=\boxed{}$ ですから，上式左辺の値は $\boxed{}$ となるので，帰無仮説は $\boxed{}$ されます．

② それでは，次のような問題を考えてみましょう．ある自動車のガソリン1リットルあたりの走行距離が，平均 μ_1，分散 0.25 の正規分布に従うとします．5回の実験により，この車が1リットルで実際に走った距離が，10, 10.5, 9.5, 9.5, 10.3 km であったとしましょう．一方，他のメーカーの自動車のガソリン1リットルあたりの走行距離は，平均 μ_2，分散 0.4 の正規分布に従うとします．5回の実験により，この車が1リットルで実際に走った距離が，10.5, 9.5, 11.2, 11.1, 10.8 km であったとしましょう．この2種類の自動車の平均走行距離が等しいかどうか，有意水準5％で検定してみましょう．

まず，先の問題設定より，帰無仮説は $H_0 =$ [____] となり，これに対する対立仮説は，単純に帰無仮説を否定すればよいので，$H_1 =$ [____] となります．したがって，

$$H_0 : \text{[____]} \quad \text{v.s.} \quad H_1 : \text{[____]}$$

となります．今，$\overline{X_1} \sim$ [____]，$\overline{X_2} \sim$ [____] ですから，帰無仮説の下では，

$$\overline{X_1} - \overline{X_2} \sim N(\text{[__]}, \text{[__]})$$

となります．したがって，棄却域は，

[____]

となります．今，$\overline{X_1} =$ [____]，$\overline{X_2} =$ [____] ですから，上式左辺の値は [____] となるので，帰無仮説は [____] されます．

③ これまでは両側対立仮説を考えていましたが，平均値の検定とまったく同様にして，片側対立仮説を考えることができます．たとえば，②の例で，最初のメーカーの自動車の方が燃費が悪い，という対立仮説を考えれば，$H_1 : \mu_1 < \mu_2$ となります．この場合は，棄却域は，

[____]

となり，上式左辺の値は [____] となるので，帰無仮説は [____] されます．

練習問題

以下，$z_{0.05} = 1.645$，$z_{0.025} = 1.96$，$z_{0.005} = 2.575$ として答えよ．

① $N(\mu_1, 1)$ からの大きさ5の標本平均値が2，$N(\mu_2, 2)$ からの大きさ5の標本平均値が2.5 であったとする．$\mu_1 = \mu_2$ であるかどうか，有意水準5%で検定せよ．

② $N(\mu_1, 4)$ からの大きさ10の標本平均値が5，$N(\mu_2, 6)$ からの大きさ8の標本平均値が7

であったとする．$\mu_1=\mu_2$ であるかどうか，有意水準10％で検定せよ．

③　$N(\mu_1, 1)$ からの大きさ10の標本平均値が10，$N(\mu_2, 25)$ からの大きさ20の標本平均値が11であったとする．$H_0: \mu_1-\mu_2=0$ に対して $H_1: \mu_1-\mu_2<0$ という対立仮説を，有意水準5％で検定せよ．

④　中距離選手Aの10kmのタイムが $N(\mu_1, 4)$ に従うとする．このランナーの過去6回のタイムは，41, 40, 42, 45, 40, 43分であった．一方，中距離選手Bの10kmのタイムは $N(\mu_2, 5)$ に従い，このランナーの過去5回のタイムは，38, 39, 37, 41, 35分であった．両者の平均タイムが等しいかどうか，有意水準5％で検定せよ．

⑤　A社のプリンターのトナー1本あたりの印刷可能枚数は $N(\mu_1, 30000)$ に従うとする．4本のトナーを使った実験では，4800, 5200, 5100, 5100枚印刷できた．一方，B社のプリンターのトナー1本あたりの印刷可能枚数は $N(\mu_2, 25000)$ に従い，5回の実験では，4800, 5000, 4900, 5000, 4900枚印刷できた．A社のプリンターの方がより多くの印刷が可能かどうか，有意水準5％で検定せよ．

⑥　A社の重量計測器の計測誤差は $N(\mu_1, 6)$ に従うとする．重さ10kgの鉛の固まりを5回計測したところ，このメーターの誤差は，2, -2, 3, -1, -2mgであった．一方，B社の計測器の計測誤差は $N(\mu_2, 4)$ に従い，重さ10kgの鉛の固まりを5回計測したところ，計測誤差は，1, -1, 2, 1, -2mgであった．2つの計測器の性能が等しいかどうか，有意水準1％で検定せよ．

⑦　メーカーAが製作した製品の重さが，$N(\mu_1, 0.1)$ に従うとする．このメーカーの製品を9個選んで重量を計測したところ，4.8, 4.9, 4.8, 4.9, 4.7, 4.8, 4.6, 4.9, 4.8kgであった．一方，メーカーBでも同様の製品を製作しており，その重さは $N(\mu_2, 0.15)$ に従うとする．メーカーBの製品9個の重さは，5.0, 5.4, 5.0, 5.2, 5.1, 5.3, 5.2, 4.9, 4.8kgであった．メーカーAの製品の方が平均的に軽いように思えるが，どうであろうか．有意水準5％で検定せよ．

⑧　導線を作成しているメーカーがあり，その製品の純度が，$N(\mu_1, 0.1)$ に従うとする．このメーカーの製品10個を検査したところ，その純度は，0.991, 0.995, 0.992, 0.994, 0.991, 0.990, 0.993, 0.992, 0.991, 0.991であった．一方，他のメーカーの導線の純度は $N(\mu_2, 0.27)$ に従っており，その製品9個を調べたところ，純度は 0.991, 0.989, 0.993, 0.990, 0.995, 0.988, 0.988, 0.993, 0.992であった．前者のメーカーは，後者のメーカーより純度の高い製品を製造しているといえるだろうか．有意水準5％で検定せよ．

答え

やってみましょうの答え

① $\overline{X}_1 \sim N\left(\boxed{\mu_1}, \boxed{\dfrac{4}{5}}\right)$, $\overline{X}_2 \sim N\left(\boxed{\mu_2}, \boxed{1}\right)$

$\overline{X}_1 - \overline{X}_2 \sim N\left(\boxed{0}, \boxed{\dfrac{4}{5}+1}\right)$ $\boxed{\dfrac{4}{5}+1=\dfrac{9}{5}$ と計算した値の方を入れた方が次がわかりやすいかもしれません.}$

したがって, 棄却域は $\boxed{\dfrac{|\overline{X}_1 - \overline{X}_2|}{\sqrt{\dfrac{9}{5}}} \geq 1.96}$

今, $\overline{X}_1 = \boxed{5.6}$, $\overline{X}_2 = \boxed{6.2}$ ですから, 左辺の値は $\boxed{0.447}$ となるので, 帰無仮説は $\boxed{受容}$ されます.

② 帰無仮説は $H_0 = \boxed{\mu_1 - \mu_2 = 0}$

対立仮説は $H_1 = \boxed{\mu_1 - \mu_2 \neq 0}$

$H_0 : \boxed{\mu_1 - \mu_2 = 0}$ v.s. $H_1 : \boxed{\mu_1 - \mu_2 \neq 0}$

今, $\overline{X}_1 \sim \boxed{N(\mu_1, 0.05)}$, $\overline{X}_2 \sim \boxed{N(\mu_2, 0.08)}$

$\overline{X}_1 - \overline{X}_2 \sim N(\boxed{0}, \boxed{0.13})$

棄却域は $\boxed{\dfrac{|\overline{X}_1 - \overline{X}_2|}{\sqrt{0.13}} \geq 1.96}$

今, $\overline{X}_1 = \boxed{9.96}$, $\overline{X}_2 = \boxed{10.62}$ ですから, 左辺の値は $\boxed{1.831}$ となるので, 帰無仮説は $\boxed{受容}$ されます.

③ この場合, 棄却域は $\boxed{\dfrac{\overline{X}_1 - \overline{X}_2}{\sqrt{0.13}} \leq -1.645}$

左辺の値は $\boxed{-1.831}$ となるので, 帰無仮説は $\boxed{棄却}$ されます.

練習問題の答え

① 棄却域は, $|\overline{X}_1 - \overline{X}_2|/\sqrt{1/5 + 2/5} \geq 1.96$ となる. 左辺の実現値は 0.645 となるので, 帰無仮説は受容される.

② 棄却域は, $|\overline{X}_1 - \overline{X}_2|/\sqrt{4/10 + 6/8} \geq 1.645$ となる. 左辺の実現値は 1.865 となるので, 帰無仮説は棄却される.

③ 棄却域は, $(\overline{X}_1 - \overline{X}_2)/\sqrt{1/10 + 25/20} \leq -1.645$ となる. 左辺の実現値は -0.861 となるので, 帰無仮説は受容される.

④ 棄却域は，$|\overline{X}_1-\overline{X}_2|/\sqrt{4/6+5/5}\geq 1.96$ となる．今，$\overline{X}_1=41.833$，$\overline{X}_2=38$ であり，左辺の実現値は 2.969 となるので，帰無仮説は棄却される．

⑤ この問題では片側対立仮説を考えることになる．$H_0: \mu_1-\mu_2=0$，$H_1: \mu_1-\mu_2>0$ とすると，棄却域は，$(\overline{X}_1-\overline{X}_2)/\sqrt{30000/4+25000/5}\geq 1.645$ となる．今，$\overline{X}_1=5050$，$\overline{X}_2=4920$ であり，左辺の実現値は 1.163 となるので，帰無仮説は受容される．

⑥ 棄却域は，$|\overline{X}_1-\overline{X}_2|/\sqrt{6/5+4/5}\geq 2.575$ となる．今，$\overline{X}_1=0$，$\overline{X}_2=0.2$ であり，左辺の実現値は 0.141 となるので，帰無仮説は受容される．

⑦ この問題では片側対立仮説を考えることになる．$H_0: \mu_1-\mu_2=0$，$H_1: \mu_1-\mu_2<0$ とすると，棄却域は，$(\overline{X}_1-\overline{X}_2)/\sqrt{0.1/9+0.15/9}\leq -1.645$ となる．今，$\overline{X}_1=4.8$，$\overline{X}_2=5.1$ であり，左辺の実現値は -1.8 となるので，帰無仮説は棄却される．

⑧ この問題では片側対立仮説を考えることになる．$H_0: \mu_1-\mu_2=0$，$H_1: \mu_1-\mu_2>0$ とすると，棄却域は，$(\overline{X}_1-\overline{X}_2)/\sqrt{0.1/10+0.27/9}\geq 1.645$ となる．今，$\overline{X}_1=0.992$，$\overline{X}_2=0.991$ であり，左辺の実現値は 0.005 となるので，帰無仮説は受容される．

22 成功率の検定

ここでは，成功率に関する仮説検定を勉強しましょう．

手順

$X \sim B(1, p)$ からの無作為標本を $\{X_1, X_2, \cdots, X_n\}$ とし，標本平均値を $\hat{p} = \sum_{i=1}^{n} X_i / n$ とします．また，$z_\alpha, z_{\alpha/2}$ を標準正規分布の上側 $100\alpha\%$, $100\alpha/2\%$ 点とします．ここで，標本の大きさ n が十分大きいとします．今，$p = p_0$ であるかどうかを検定する方法を考えます．

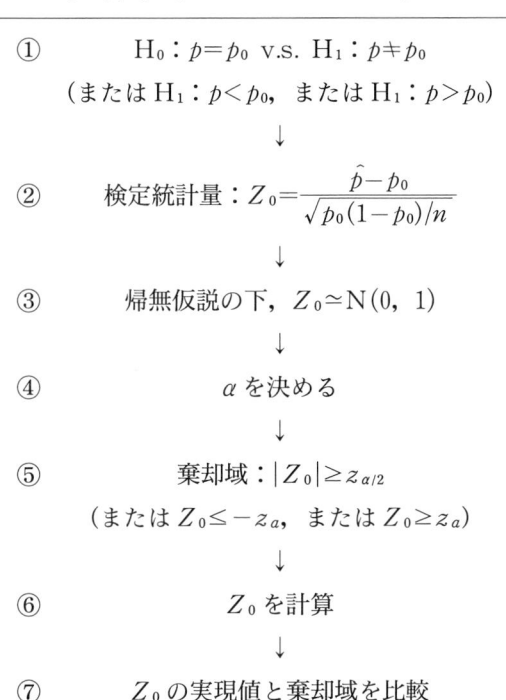

① $H_0 : p = p_0$ v.s. $H_1 : p \neq p_0$
（または $H_1 : p < p_0$, または $H_1 : p > p_0$）
↓
② 検定統計量：$Z_0 = \dfrac{\hat{p} - p_0}{\sqrt{p_0(1-p_0)/n}}$
↓
③ 帰無仮説の下，$Z_0 \simeq N(0, 1)$
↓
④ α を決める
↓
⑤ 棄却域：$|Z_0| \geq z_{\alpha/2}$
（または $Z_0 \leq -z_\alpha$, または $Z_0 \geq z_\alpha$）
↓
⑥ Z_0 を計算
↓
⑦ Z_0 の実現値と棄却域を比較

例

$X \sim B(1, p)$ からの大きさ 40 の標本平均値が $\hat{p} = 0.4$ であったとしましょう．このとき，$H_0 : p = 0.3$ に対して $H_1 : p \neq 0.3$ の，有意水準 5% の仮説検定を考えてみましょう．今，$p_0 = 0.3$ となるので，棄却域は，

$$\left|\frac{\hat{p}-0.3}{\sqrt{0.3(1-0.3)/40}}\right| \geq 1.96$$

となります．上式の左辺を $\hat{p}=0.4$ で評価すると 1.380 となり，1.96 より小さな値なので，帰無仮説は受容されます．

やってみましょう

以下，小数点以下第 4 位を四捨五入します．

① $X \sim B(1, p)$ からの大きさ 50 の標本平均値が $\hat{p}=0.45$ であったとしましょう．このとき，$H_0: p=0.35$ に対して $H_1: p \neq 0.35$ の，有意水準 5% の仮説検定を考えてみましょう．今，$p_0=$ 　　　　 となるので，棄却域は，

となります．上式の左辺を $\hat{p}=$ 　　　 で評価すると，　　　　 となるので，帰無仮説は 　　　 されます．

では，対立仮説が $H_1: p<0.35$ の場合の仮説検定も行ってみましょう．この場合，棄却域は，

となります．上式左辺の値は 　　　　 となるので，対立仮説を $H_1: p<0.35$ と設定した場合には，帰無仮説は 　　　 されます．

対立仮説が $H_1: p>0.35$ の場合はどうでしょうか．この場合，棄却域は，

となります．上式左辺の値は ☐ となるので，対立仮説を $H_1: p > 0.35$ と設定した場合には，帰無仮説は ☐ されます．

② それでは，次のような問題を考えてみましょう．ダーツの達人で，99％の確率で的に命中させることができるという人がいます．この人が実際にダーツを投げたら，80回中75回命中しました．本当に命中率が99％であるかどうか，仮説検定で確かめてみましょう．1回ごとにダーツの的に当たるかどうかは，命中率を p とするベルヌーイ分布に従うと考えられますから，これまでの検定手法が応用できます．まず，帰無仮説は本人の主張が正しいとして，$p = 0.99$ としましょう．対立仮説ですが，問題は「もしかしたら，命中率は99％より低いかもしれない」ということなので，片側対立仮説 $H_1: p < 0.99$ を設定します．すると，有意水準1％の棄却域は，

☐

となります．今，$\hat{p} =$ ☐ ですから，上式左辺の値は ☐ となるので，この場合は帰無仮説は ☐ されます．本人の主張にはやや信憑性が欠けるといわざるを得ません．

では，命中率が99％とまでいわないでも，90％であるかどうか，有意水準1％で検定してみましょう．帰無仮説は $H_0: p = 0.9$ とし，両側対立仮説を考えて $H_1: p \neq 0.9$ としましょう．この場合の有意水準1％の棄却域は，

☐

となります．今，$\hat{p} =$ ☐ ですから，上式左辺の値は ☐ となるので，この場合は帰無仮説は ☐ されます．

練習問題

以下，$z_{0.1}=1.28$，$z_{0.05}=1.645$，$z_{0.025}=1.96$ として答えよ．

① $X \sim B(1, p)$ からの大きさ 40 の標本平均値が 0.4 であるとする．$H_0: p=0.3$ を両側対立仮説に対して，有意水準 5％ で検定せよ．

② $X \sim B(1, p)$ からの大きさ 200 の標本平均値が 0.85 であるとする．$H_0: p=0.9$ を $H_1: p<0.9$ に対して，有意水準 5％ で検定せよ．

③ $X \sim B(1, p)$ からの大きさ 50 の標本平均値が 0.62 であるとする．$H_0: p=0.6$ を $H_1: p>0.6$ に対して，有意水準 10％ で検定せよ．

④ ある大学の 4 年生 100 人の学生にアンケートを採ったところ，就職内定者は 80 人であった．就職内定率を p として，$H_0: p=0.7$ に対して $p \neq 0.7$ を有意水準 5％ で検定せよ．

⑤ ダーツの命中率が 80％ であると主張する人が，実際に 100 回投げて，70 回しか的に命中しなかったとする．命中率 p が 0.8 であるという主張が正しいかどうか，有意水準 10％ で検定せよ．

⑥ ある自動車メーカーの車を 1000 台調べたところ，5 年以内に故障が起きた自動車は 20 台であった．メーカー側は故障率 p は 1％ だと主張していたが，実際の故障率は 1％ を超えているようにも思える．メーカーの主張が正しいかどうか，有意水準 5％ で検定せよ．

⑦ ある県の失業率を調査するため，500 人の人にアンケートを行ったところ，20 人が失業中であることがわかった．この県の失業率は 3.5％ を超えているだろうか．有意水準 5％ で検定せよ．

⑧ サイコロを振って，1 か 6 が出たら勝ち，それ以外の目が出たら負け，というゲームを考える．あるサイコロを 30 回振ったところ，6 回しか勝つことができなかった．このサイコロの目の出方には偏りがあるといえるだろうか．有意水準 5％ で検定せよ．

答え

やってみましょうの答え

① $p_0=\boxed{0.35}$ となるので，棄却域は $\boxed{\left|\dfrac{\hat{p}-0.35}{\sqrt{\dfrac{0.35(1-0.35)}{50}}}\right|\geq 1.96}$

左辺を $\hat{p}=\boxed{0.45}$ で評価すると，$\boxed{1.482}$ となるので，帰無仮説は $\boxed{受容}$ されます．

対立仮説が $H_1: p<0.35$ の場合，棄却域は $\boxed{\dfrac{\hat{p}-0.35}{\sqrt{\dfrac{0.35(1-0.35)}{50}}}\leq -1.645}$

左辺の値は $\boxed{1.482}$ となるので，帰無仮説は $\boxed{受容}$ されます．

対立仮説が $H_1: p>0.35$ の場合，棄却域は $\boxed{\dfrac{\hat{p}-0.35}{\sqrt{\dfrac{0.35(1-0.35)}{50}}}\geq 1.645}$

左辺の値は $\boxed{1.482}$ となるので，帰無仮説は $\boxed{受容}$ されます．

② 棄却域は $\boxed{\dfrac{\hat{p}-0.99}{\sqrt{\dfrac{0.99(1-0.99)}{80}}}\leq -2.33}$

今，$\hat{p}=\boxed{0.938}$ ですから，左辺の値は $\boxed{-4.674}$ となるので，帰無仮説は $\boxed{棄却}$ されます．

$H_0: p=0.9$ とし，$H_1: p\neq 0.9$ としましょう．この場合の棄却域は $\boxed{\left|\dfrac{\hat{p}-0.9}{\sqrt{\dfrac{0.9(1-0.9)}{80}}}\right|\geq 2.575}$

今，$\hat{p}=\boxed{0.938}$ ですから，上式左辺の値は $\boxed{1.133}$ となるので，この場合は帰無仮説は $\boxed{受容}$ されます．

練習問題の答え

① 棄却域は $|(\hat{p}-0.3)/\sqrt{0.3(1-0.3)/40}|\geq 1.96$ である．左辺に $\hat{p}=0.4$ を代入すると 1.380 となるので，帰無仮説を受容する．

② 棄却域は $(\hat{p}-0.9)/\sqrt{0.9(1-0.9)/200}\leq -1.645$ である．左辺に $\hat{p}=0.85$ を代入すると -2.357 となるので，帰無仮説を棄却する．

③ 棄却域は $(\hat{p}-0.6)/\sqrt{0.6(1-0.6)/50}\geq 1.28$ である．左辺に $\hat{p}=0.62$ を代入すると 0.289 となるので，帰無仮説を受容する．

④ 棄却域は $|(\hat{p}-0.7)/\sqrt{0.7(1-0.7)/100}|\geq 1.96$ である．左辺に $\hat{p}=80/100=0.8$ を代入すると

2.182 となるので，帰無仮説を棄却する．

⑤　片側対立仮説 $H_1: p<0.8$ を考える．棄却域は $(\hat{p}-0.8)/\sqrt{0.8(1-0.8)/100} \leq -1.28$ である．左辺に $\hat{p}=70/100=0.7$ を代入すると -2.5 となるので，帰無仮説を棄却する．

⑥　片側対立仮説 $H_1: p>0.01$ を考える．棄却域は $(\hat{p}-0.01)/\sqrt{0.01(1-0.01)/1000} \geq 1.645$ である．左辺に $\hat{p}=20/1000=0.02$ を代入すると 3.178 となるので，帰無仮説を棄却する．

⑦　片側対立仮説 $H_1: p>0.035$ を考える．棄却域は $(\hat{p}-0.035)/\sqrt{0.035(1-0.035)/500} \geq 1.645$ である．左辺に $\hat{p}=20/500=0.04$ を代入すると 0.608 となるので，帰無仮説を受容する．

⑧　サイコロに偏りがない場合は，サイコロ投げで勝つ確率は $2/6=1/3$ である．したがって，$H_0: p=1/3$ に対して両側対立仮説を検定する．棄却域は $|(\hat{p}-1/3)/\sqrt{1/3(1-1/3)/30}| \geq 1.96$ である．左辺に $\hat{p}=6/30=0.2$ を代入すると 1.549 となるので，帰無仮説を受容する．

23 成功率の差の検定

ここでは，異なる母集団の成功率が等しいかどうか検定する方法を勉強しましょう．

手順

$B(1, p_1)$ からの大きさ n_1 の無作為標本の平均値を $\hat{p}_1$，これとは独立な $B(1, p_2)$ からの大きさ n_2 の無作為標本の平均値を $\hat{p}_2$ とします．また，$z_{\alpha/2}$ を標準正規分布の上側 $100\alpha/2\%$ 点とします．ここで，標本の大きさ n が十分大きいとします．今，$p_1 = p_2$ であるかどうかを検定する方法を考えます．

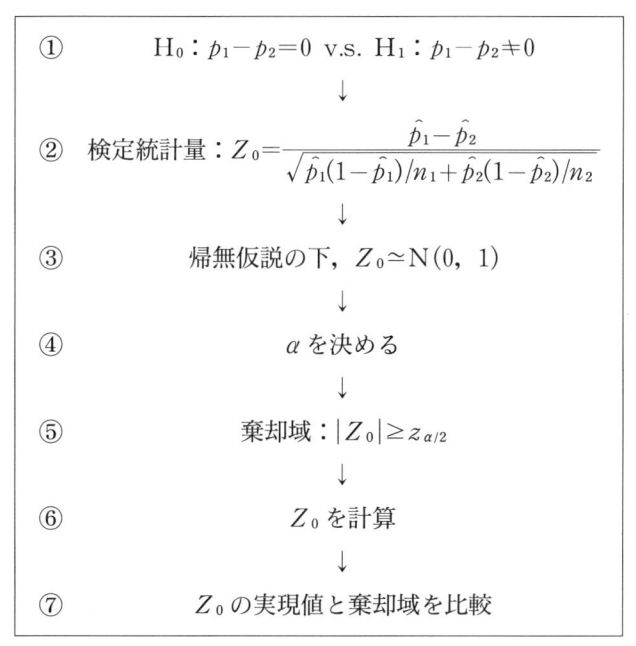

① $H_0 : p_1 - p_2 = 0$ v.s. $H_1 : p_1 - p_2 \neq 0$

↓

② 検定統計量：$Z_0 = \dfrac{\hat{p}_1 - \hat{p}_2}{\sqrt{\hat{p}_1(1-\hat{p}_1)/n_1 + \hat{p}_2(1-\hat{p}_2)/n_2}}$

↓

③ 帰無仮説の下，$Z_0 \simeq N(0, 1)$

↓

④ α を決める

↓

⑤ 棄却域：$|Z_0| \geq z_{\alpha/2}$

↓

⑥ Z_0 を計算

↓

⑦ Z_0 の実現値と棄却域を比較

例

$B(1, p_1)$ からの大きさ 40 の標本平均値が $\hat{p}_1 = 0.4$，$B(1, p_2)$ からの大きさ 20 の標本平均値が $\hat{p}_2 = 0.35$ であったとしましょう．このとき，$H_0 : p_1 - p_2 = 0$ に対して $H_1 : p_1 - p_2 \neq 0$ の，有意水準 5% の仮説検定を考えてみましょう．棄却域は，

$$\left|\frac{\hat{p}_1-\hat{p}_2}{\sqrt{\hat{p}_1(1-\hat{p}_1)/40+\hat{p}_2(1-\hat{p}_2)/20}}\right|\geq 1.96$$

となります．上式の左辺を $\hat{p}_1=0.4$, $\hat{p}_2=0.35$ で評価すると 0.379 となり，1.96 より小さな値なので，帰無仮説は受容されます．

やってみましょう

以下，小数点以下第 4 位を四捨五入します．

① $B(1, p_1)$ からの大きさ 50 の標本平均値が $\hat{p}_1=0.6$, $B(1, p_2)$ からの大きさ 80 の標本平均値が $\hat{p}_2=0.67$ であったとしましょう．このとき，$H_0: p_1-p_2=0$ に対して $H_1: p_1-p_2\neq 0$ の，有意水準 5％ の仮説検定を考えてみましょう．今，棄却域は，

となります．上式の左辺を $\hat{p}_1=$ ____, $\hat{p}_2=$ ____ で評価すると ____ となるので，帰無仮説は ____ されます．

② それでは，次のような問題を考えてみましょう．A さんはダーツを 80 回投げたら 60 回，的に命中しました．一方，B さんはダーツを 100 回投げたら 70 回，的に命中しました．A さんと B さんの命中率が等しいかどうか，有意水準 5％ で検定してみましょう．

以前と同様に考えて，A さんがダーツを 1 回投げて的に命中するかどうかはベルヌーイ分布 $B(1, p_1)$, B さんがダーツを 1 回投げて的に命中するかどうかはベルヌーイ分布 $B(1, p_2)$ に従うとします．すると，有意水準 5％ の棄却域は，

となります．問題文より，$\hat{p}_1=$ ____, $\hat{p}_2=$ ____ ですから，この値で上式左辺を評価すると ____ となるので，帰無仮説は ____ されます．

成功率の検定とまったく同様にして，片側対立仮説に対しても仮説検定は可能です．今，A

さんの方がBさんよりも命中率が高いかどうか検定しましょう．この場合，$H_0: p_1-p_2=0$ を片側対立仮説 $H_0: p_1-p_2>0$ に対して検定することにします．成功率の検定と同様にすれば，検定の棄却域は，

となります．問題文より，上式左辺の $\hat{p}_1$ と $\hat{p}_2$ を実現値で評価すると [　　　] となるので，片側対立仮説で考えた場合も帰無仮説は [　　] されます．

練習問題

以下，$z_{0.1}=1.28$, $z_{0.05}=1.645$, $z_{0.025}=1.96$ として答えよ．

① $B(1, p_1)$ からの大きさ 60 の標本平均値が $\hat{p}_1=0.2$, $B(1, p_2)$ からの大きさ 50 の標本平均値が $\hat{p}_2=0.28$ であったとする．このとき，$p_1=p_2$ であるかどうか，有意水準 5％ で検定せよ．

② $B(1, p_1)$ からの大きさ 100 の標本平均値が $\hat{p}_1=0.67$, $B(1, p_2)$ からの大きさ 200 の標本平均値が $\hat{p}_2=0.7$ であったとする．このとき，$p_1=p_2$ であるかどうか，有意水準 5％ で検定せよ．

③ $B(1, p_1)$ からの大きさ 70 の標本平均値が $\hat{p}_1=0.1$, $B(1, p_2)$ からの大きさ 120 の標本平均値が $\hat{p}_2=0.15$ であったとする．このとき，$H_0: p_1-p_2=0$ を片側対立仮説 $H_1: p_1-p_2<0$ に対して有意水準 10％ で検定せよ．

④ $B(1, p_1)$ からの大きさ 1200 の標本平均値が $\hat{p}_1=0.29$, $B(1, p_2)$ からの大きさ 1000 の標本平均値が $\hat{p}_2=0.25$ であったとする．このとき，$H_0: p_1-p_2=0$ を片側対立仮説 $H_1: p_1-p_2>0$ に対して有意水準 5％ で検定せよ．

⑤ A大学の4年生100人にアンケートを採ったところ，就職内定者は75人であった．一方，B大学の4年生100人にアンケートを採ったところ，就職内定者は85人であった．2つの大学の就職内定率が等しいかどうか，有意水準 10％ で検定せよ．

⑥ Aさんはダーツを100回投げて85回，的に命中した．一方，Bさんはダーツを50回投げて38回，的に命中した．2人の命中率が等しいかどうか，有意水準 5％ で検定せよ．

⑦ 自動車メーカーAの車を1000台調べたところ，5年以内に故障が起きた自動車は20台であった．一方，自動車メーカーBの車を1500台調べたところ，5年以内に故障が起きた自動車は24台であった．自動車メーカーBの車の方が故障率が低いかどうか，有意水準 5％ で検定せよ．

答え

やってみましょうの答え

① 棄却域は $\left|\dfrac{\hat{p}_1-\hat{p}_2}{\sqrt{\dfrac{\hat{p}_1(1-\hat{p}_1)}{50}+\dfrac{\hat{p}_2(1-\hat{p}_2)}{80}}}\right|\geq 1.96$

左辺を $\hat{p}_1=\boxed{0.6}$,$\hat{p}_2=\boxed{0.67}$ で評価すると $\boxed{0.805}$ となるので，帰無仮説は $\boxed{受容}$ されます．

② 棄却域は $\left|\dfrac{\hat{p}_1-\hat{p}_2}{\sqrt{\dfrac{\hat{p}_1(1-\hat{p}_1)}{80}+\dfrac{\hat{p}_2(1-\hat{p}_2)}{100}}}\right|\geq 1.96$，問題文より，$\hat{p}_1=\boxed{0.75}$,$\hat{p}_2=\boxed{0.7}$ ですか

ら，左辺を評価すると $\boxed{0.750}$ となるので，帰無仮説は $\boxed{受容}$ されます．

$H_0: p_1-p_2=0$ を片側対立仮説 $H_0: p_1-p_2>0$ に対して検定します．検定の棄却域は

$$\dfrac{\hat{p}_1-\hat{p}_2}{\sqrt{\dfrac{\hat{p}_1(1-\hat{p}_1)}{80}+\dfrac{\hat{p}_2(1-\hat{p}_2)}{100}}}\geq 1.645$$

左辺の $\hat{p}_1$ と $\hat{p}_2$ を実現値で評価すると $\boxed{0.750}$ となるので，帰無仮説は $\boxed{受容}$ されます．

練習問題の答え

① 棄却域は，$|(\hat{p}_1-\hat{p}_2)/\sqrt{\hat{p}_1(1-\hat{p}_1)/60+\hat{p}_2(1-\hat{p}_2)/50}|\geq 1.96$ である．左辺を $\hat{p}_1=0.2$,$\hat{p}_2=0.28$ で評価すると 0.977 となるので，帰無仮説を受容する．

② 棄却域は，$|(\hat{p}_1-\hat{p}_2)/\sqrt{\hat{p}_1(1-\hat{p}_1)/100+\hat{p}_2(1-\hat{p}_2)/200}|\geq 1.96$ である．左辺を $\hat{p}_1=0.67$,$\hat{p}_2=0.7$ で評価すると 0.525 となるので，帰無仮説を受容する．

③ 棄却域は，$(\hat{p}_1-\hat{p}_2)/\sqrt{\hat{p}_1(1-\hat{p}_1)/70+\hat{p}_2(1-\hat{p}_2)/120}\leq -1.28$ である．左辺を $\hat{p}_1=0.1$,$\hat{p}_2=0.15$ で評価すると -1.032 となるので，帰無仮説を受容する．

④ 棄却域は，$(\hat{p}_1-\hat{p}_2)/\sqrt{\hat{p}_1(1-\hat{p}_1)/1200+\hat{p}_2(1-\hat{p}_2)/1000}\geq 1.645$ である．左辺を $\hat{p}_1=0.29$,$\hat{p}_2=0.25$ で評価すると 2.111 となるので，帰無仮説を棄却する．

⑤ 棄却域は，$|(\hat{p}_1-\hat{p}_2)/\sqrt{\hat{p}_1(1-\hat{p}_1)/100+\hat{p}_2(1-\hat{p}_2)/100}|\geq 1.645$ である．左辺を $\hat{p}_1=75/100=0.75$,$\hat{p}_2=85/100=0.85$ で評価すると 1.782 となるので，帰無仮説を棄却する．

⑥ 棄却域は，$|(\hat{p}_1-\hat{p}_2)/\sqrt{\hat{p}_1(1-\hat{p}_1)/100+\hat{p}_2(1-\hat{p}_2)/50}|\geq 1.96$ である．左辺を $\hat{p}_1=85/100=0.85$,$\hat{p}_2=38/50=0.76$ で評価すると 1.283 となるので，帰無仮説を受容する．

⑦ この場合は片側対立仮説となるので，$H_0: \hat{p}_1-\hat{p}_2=0$ に対して，$H_1: \hat{p}_1-\hat{p}_2>0$ を検定する．棄却域は，$(\hat{p}_1-\hat{p}_2)/\sqrt{\hat{p}_1(1-\hat{p}_1)/1000+\hat{p}_2(1-\hat{p}_2)/1500}\geq 1.645$ である．左辺を $\hat{p}_1=20/1000=0.02$,$\hat{p}_2=24/1500=0.016$ で評価すると 0.729 となるので，帰無仮説を受容する．

24 分散の検定

ここでは，分散の検定方法を勉強しましょう．

手順

正規母集団 $N(\mu, \sigma^2)$ からの無作為標本を $\{X_1, X_2, \cdots, X_n\}$ とし，標本分散を $S^2 = \sum_{i=1}^{n}(X_i - \overline{X})^2/(n-1)$, $\hat{\sigma}^2 = \sum_{i=1}^{n}(X_i - \mu)^2/n$, 自由度 n の χ^2 分布の下側 $100\alpha/2\%$ 点を $c_{\alpha/2,n}^L$, 上側 $100\alpha/2\%$ 点を $c_{\alpha/2,n}^U$ とします．

	μ が既知	μ が未知
①	$H_0 : \sigma^2 = \sigma_0^2$ v.s. $H_1 : \sigma^2 \neq \sigma_0^2$	
	↓	
②	検定統計量：$W_1 = \dfrac{n\hat{\sigma}^2}{\sigma_0^2}$	$W_2 = \dfrac{(n-1)S^2}{\sigma_0^2}$
	↓	
③	帰無仮説の下，$W_1 \sim \chi^2(n)$	$W_2 \sim \chi^2(n-1)$
	↓	
④	α を決める	
	↓	
⑤	棄却域：$W_1 \leq c_{\alpha/2,n}^L$, $W_1 \geq c_{\alpha/2,n}^U$,	$W_2 \leq c_{\alpha/2,n-1}^L$, $W_2 \geq c_{\alpha/2,n-1}^U$
	↓	
⑥	W_1 を計算	W_2 を計算
	↓	
⑦	W_1 の実現値と棄却域を比較	W_2 の実現値と棄却域を比較

例

$X \sim N(\mu, \sigma^2)$ からの大きさ 10 の標本を用いて，$\sigma^2 = 10$ であるかどうか，有意水準 5% で検定してみましょう．$\mu = 0$ が既知で $\hat{\sigma}^2 = 12$ であったとすると棄却域は

$W_1 \leq 3.247$, $W_1 \geq 20.48$

で，$W_1 = 10 \times 12/10 = 12$ となるので，帰無仮説は受容されます．一方，μ が未知で $S^2 = 14$ であるとき，棄却域は，

$W_2 \leq 2.700$, $W_2 \geq 19.02$

で，$W_2 = 9 \times 14/10 = 12.6$ となるので，帰無仮説は受容されます．

やってみましょう

以下，小数点以下第4位を四捨五入します．

① $X \sim N(\mu, \sigma^2)$ からの大きさ5の標本を考えます．今，X の平均値が0だとわかっていて，$\hat{\sigma}^2 = 4$ であるとします．ここで，$H_0 : \sigma^2 = 3$ に対して，$H_1 : \sigma^2 \neq 3$ を有意水準5％で検定しましょう．帰無仮説の下では検定統計量 W_1 の分布は _____ に従うので，棄却域は，

$W_1 \leq c^L$ _____ ，_____ ， $W_1 \geq c^U$ _____ ，_____

となります．今，W_1 の実現値は _____ なので，帰無仮説は _____ されます．

一方，母平均が未知の場合，$S^2 = 5$ であるときにはどうでしょうか．この場合には，検定統計量 W_2 の分布は _____ に従うので，棄却域は，

$W_2 \leq c^L$ _____ ，_____ ， $W_2 \geq c^U$ _____ ，_____

となります．今，W_2 の実現値は _____ なので，帰無仮説は _____ されます．

以上は両側対立仮説の場合でしたが，平均値や成功率の検定と同様にして，片側対立仮説に対する仮説検定も行うことができます．たとえば，上の例で $H_0 : \sigma^2 = 7$ に対して，片側対立仮説 $H_1 : \sigma^2 < 7$ を検定してみましょう．母平均が既知の場合，棄却域は，

$W_1 \leq c^L$ _____ ，_____

となり，W_1 の実現値は _____ となるので，帰無仮説は _____ されます．一方，母平均が未知の場合には，棄却域は，

$$W_2 \leq c^L\square, \quad = \square$$

となり，W_2 の実現値は □ となるので，帰無仮説は □ されます．

　逆向きの片側対立仮説も考えてみましょう．$H_0: \sigma^2=1$ に対して，片側対立仮説 $H_1: \sigma^2>1$ を検定してみましょう．母平均が既知の場合，棄却域は，

$$W_1 \geq c^U\square, \quad = \square$$

となり，W_1 の実現値は □ となるので，帰無仮説は □ されます．一方，母平均が未知の場合には，棄却域は，

$$W_2 \geq c^U\square, \quad = \square$$

となり，W_2 の実現値は □ となるので，帰無仮説は □ されます．

② では，実際のデータで練習してみましょう．あるバイクのガソリン1リットルあたりの走行距離が正規分布に従うとします．5回の実験で，このバイクが走った走行距離は，25, 24, 25, 26, 26 km であったとして，有意水準5％で σ^2 が 0.3 であるかどうか検定してみましょう．母平均 $\mu=25$ が既知であるとき，$\hat{\sigma}^2 = $ □ となります．棄却域は，

$$\square$$

となり，検定統計量 W_1 の実現値は □ なので，帰無仮説は □ されます．

　一方，もし母平均が未知であれば，$S^2 = $ □ となります．棄却域は，

$$\square$$

となり，検定統計量 W_2 の実現値は □ なので，帰無仮説は □ されます．

　では，このバイクのメーカーが，1リットルあたりの平均走行距離は 25 km，その分散は 0.2 であると主張していたとしましょう．分散がメーカーの主張より大きいのではないかという疑いがあるので，有意水準5％の片側検定を行ってみましょう．この場合，

$$H_0: \square, \quad \text{v.s. } H_1: \square$$

となります．

まず，メーカーが公表した平均走行距離を正しいと考えて検定を行うのならば，棄却域は，

　　　　　　[　　　　　　　]

となります．検定統計量 W_1 の実現値は[　　]なので，帰無仮説は[　　]されます．

一方，もし母平均が未知であれば，棄却域は，

　　　　　　[　　　　　　　]

となり，検定統計量 W_2 の実現値は[　　]なので，帰無仮説は[　　]されます．

練習問題

① $X \sim N(0, \sigma^2)$ からの大きさ10の標本を考える．母平均が既知で $\hat{\sigma}^2 = 9$ のとき，$H_0 : \sigma^2 = 7$ に対して $\sigma^2 \neq 7$ を，有意水準5%で検定せよ．また，母平均が未知で $S^2 = 11$ の場合にも，同様の検定を行いなさい．

② $X \sim N(2, \sigma^2)$ からの大きさ15の標本を考える．母平均が既知で $\hat{\sigma}^2 = 15$ のとき，$H_0 : \sigma^2 = 20$ に対して $\sigma^2 \neq 20$ を，有意水準5%で検定せよ．また，母平均が未知で $S^2 = 18$ の場合にも，同様の検定を行いなさい．

③ $X \sim N(-3, \sigma^2)$ からの大きさ20の標本を考える．母平均が既知で $\hat{\sigma}^2 = 5$ のとき，$H_0 : \sigma^2 = 10$ に対して $\sigma^2 < 10$ を，有意水準5%で検定せよ．また，母平均が未知で $S^2 = 6$ の場合にも，同様の検定を行いなさい．

④ あるバイクのガソリン1リットルあたりの走行可能距離が正規分布に従うとする．5回の実験により，このバイクが1リットルあたりに実際に走った距離が，28, 26, 27, 29, 28 km であるとする．走行可能距離の分散が5であるかどうか，有意水準5%で検定せよ．

⑤ ある陸上選手の10 km のタイムが正規分布に従うとする．この選手の過去6回のタイムは，42, 41, 42, 40, 39, 39 分であった．この選手の平均タイムの分散が1であるかどうか，有意水準10%で検定せよ．

⑥ あるプリンターのトナー1本あたりの印刷可能枚数が正規分布に従うとする．メーカー側の主張ではその分布は $N(7000, 15000)$ であった．4本のトナーを使った実験では，7000, 7100, 6800, 7100 枚印刷できたため，分散はメーカーの主張よりも大きいのではないかという疑いがもたれている．メーカー主張の平均印刷枚数が正しいとして，有意水準5%で仮説検定を行いなさい．

⑦ あるスピードメーターの計測誤差は正規分布に従うとする．時速120 km で投げられたボールを計測する実験を5回行ったところ，このメーターの誤差は，3, -2, 3, -2, 1 km であ

った．このスピードメーターの平均誤差の分散が30より小さいかどうか，有意水準10％で検定せよ．

答え

やってみましょうの答え

① W_1 の分布は $\boxed{\chi^2(5)}$ に従うので，棄却域は，$W_1 \leq c^L_{\boxed{0.025},\boxed{5}} = \boxed{0.831}$，$W_1 \geq c^U_{\boxed{0.025},\boxed{5}} = \boxed{12.83}$

W_1 の実現値は $\boxed{6.667}$ なので，帰無仮説は $\boxed{受容}$ されます．

母平均が未知の場合，W_2 の分布は $\boxed{\chi^2(4)}$ に従うので，棄却域は，$W_2 \leq c^L_{\boxed{0.025},\boxed{4}} = \boxed{0.484}$，$W_2 \geq c^U_{\boxed{0.025},\boxed{4}} = \boxed{11.14}$．$W_2$ の実現値は $\boxed{6.667}$ なので，帰無仮説は $\boxed{受容}$ されます．

$H_0 : \sigma^2 = 7$ に対して，$H_1 : \sigma^2 < 7$ を検定．母平均が既知の場合，棄却域は，$W_1 \leq c^L_{\boxed{0.05},\boxed{5}} = \boxed{1.145}$，$W_1$ の実現値は $\boxed{2.857}$ となるので，帰無仮説は $\boxed{受容}$ されます．

母平均が未知の場合には，棄却域は，$W_2 \leq c^L_{\boxed{0.05},\boxed{4}} = \boxed{0.711}$ となり，W_2 の実現値は $\boxed{2.857}$ となるので，帰無仮説は $\boxed{受容}$ されます．

$H_0 : \sigma^2 = 1$ に対して，$H_1 : \sigma^2 > 1$ を検定．母平均が既知の場合，棄却域は，$W_1 \geq c^U_{\boxed{0.05},\boxed{5}} = \boxed{11.07}$．$W_1$ の実現値は $\boxed{20}$ となるので，帰無仮説は $\boxed{棄却}$ されます．

母平均が未知の場合には，棄却域は，$W_2 \geq c^U_{\boxed{0.05},\boxed{4}} = \boxed{9.488}$

W_2 の実現値は $\boxed{20}$ となるので，帰無仮説は $\boxed{棄却}$ されます．

② $\hat{\sigma}^2 = \boxed{0.6}$．棄却域は，$\boxed{W_1 \leq 0.831,\ W_1 \geq 12.83}$

W_1 の実現値は $\boxed{10}$ なので，帰無仮説は $\boxed{受容}$ されます．

母平均が未知であれば，$S^2 = \boxed{0.7}$．棄却域は，$\boxed{W_2 \leq 0.484,\ W_2 \geq 11.14}$

W_2 の実現値は $\boxed{9.333}$ なので，帰無仮説は $\boxed{受容}$ されます．

$H_0 : \boxed{\sigma^2 = 0.2}$，v.s. $H_1 : \boxed{\sigma^2 > 0.2}$

棄却域は，$\boxed{W_1 \geq 11.07}$

W_1 の実現値は $\boxed{15}$ なので，帰無仮説は $\boxed{棄却}$ されます．

母平均が未知であれば，棄却域は，$\boxed{W_2 \geq 9.488}$

W_2 の実現値は $\boxed{14}$ なので，帰無仮説は $\boxed{棄却}$ されます．

練習問題の答え

① 母平均が既知の場合の棄却域は，$W_1 \leq c^L_{0.025,10} = 3.247$，$W_1 \geq c^U_{0.025,10} = 20.48$ である．W_1 の実現値は $10 \times 9/7 = 12.857$ であるので，帰無仮説は受容される．母平均が未知の場合の棄却域は，$W_2 \leq c^L_{0.025,9} = 2.700$，$W_2 \geq c^U_{0.025,9} = 19.02$ である．W_2 の実現値は $9 \times 11/7 = 14.143$ であるので，帰無仮説は受容される．

② 母平均が既知の場合の棄却域は，$W_1 \leq c^L_{0.025,15} = 6.262$，$W_1 \geq c^U_{0.025,15} = 27.49$ である．W_1 の実現値は $15 \times 15/20 = 11.25$ であるので，帰無仮説は受容される．母平均が未知の場合の棄却域は，$W_2 \leq c^L_{0.025,14} = 5.629$，$W_2 \geq c^U_{0.025,14} = 26.12$ である．W_2 の実現値は $14 \times 18/20 = 12.6$ であるので，帰無仮説は受容される．

③ 母平均が既知の場合の棄却域は，$W_1 \leq c^L_{0.05,20} = 10.85$ である．W_1 の実現値は $20 \times 5/10 = 10$ であるので，帰無仮説は棄却される．母平均が未知の場合の棄却域は，$W_2 \leq c^L_{0.05,19} = 10.12$ である．W_2 の実現値は $19 \times 6/10 = 11.4$ であるので，帰無仮説は受容される．

④ $H_0 : \sigma^2 = 5$ に対して，両側対立仮説 $H_1 : \sigma^2 \neq 5$ を考える．今，母平均は未知なので，検定統計量 W_2 の棄却域は，$W_2 \leq c^L_{0.025,4} = 0.484$，$W_2 \geq c^U_{0.025,4} = 11.14$ である．W_2 の実現値は $4 \times 1.3/5 = 1.04$ であるので，帰無仮説は受容される．

⑤ $H_0 : \sigma^2 = 1$ に対して，両側対立仮説 $H_1 : \sigma^2 \neq 1$ を考える．今，母平均は未知なので，検定統計量 W_2 の棄却域は，$W_2 \leq c^L_{0.05,5} = 1.145$，$W_2 \geq c^U_{0.05,5} = 11.07$ である．W_2 の実現値は $5 \times 1.9/1 = 9.5$ であるので，帰無仮説は受容される．

⑥ $H_0 : \sigma^2 = 15000$ に対して，片側対立仮説 $H_1 : \sigma^2 > 15000$ を考える．今，母平均は既知なので，検定統計量 W_1 の棄却域は，$W_1 \geq c^U_{0.05,4} = 9.488$ である．W_1 の実現値は $4 \times 15000/15000 = 4$ であるので，帰無仮説は受容される．

⑦ $H_0 : \sigma^2 = 30$ に対して，片側対立仮説 $H_1 : \sigma^2 < 30$ を考える．今，母平均は未知なので，検定統計量 W_2 の棄却域は，$W_2 \leq c^L_{0.1,4} = 1.064$ である．W_2 の実現値は $4 \times 6.3/30 = 0.84$ であるので，帰無仮説は棄却される．

25 回帰モデルの推定・検定

ここでは，回帰モデルを用いたデータの分析方法を勉強しましょう．

定義と公式

定義

2変数の観測値 $\{(y_1, x_1), (y_2, x_2), \cdots, (y_n, x_n)\}$ の間に，以下のモデルを想定します．

$$y_i = \alpha + \beta x_i + u_i$$

ただし，u_i は独立に $N(0, \sigma^2)$ に従うとします．このようなモデルを回帰モデルといい，α, β を回帰係数といいます．

推定量と分散

最小2乗法という基準による α, β の推定量と分散は，以下の通りです．ただし，$\overline{y}$, $\overline{x}$ は y_i と x_i の標本平均値です．

$$\hat{\alpha} = \overline{y} - \hat{\beta}\overline{x}, \quad \hat{\beta} = \frac{\sum_{i=1}^{n}(x_i - \overline{x})(y_i - \overline{y})}{\sum_{i=1}^{n}(x_i - \overline{x})^2}$$

$$V[\hat{\alpha}] = \frac{\sigma^2 \sum_{i=1}^{n} x_i^2}{n \sum_{i=1}^{n}(x_i - \overline{x})^2}, \quad V[\hat{\beta}] = \frac{\sigma^2}{\sum_{i=1}^{n}(x_i - \overline{x})^2}$$

標準誤差

$\hat{u}_i = y_i - \hat{\alpha} - \hat{\beta} x_i$ とし，

$$s^2 = \frac{1}{n-2} \sum_{i=1}^{n} \hat{u}_i^2 = \frac{1}{n-2} \sum_{i=1}^{n} (y_i - \hat{\alpha} - \hat{\beta} x_i)^2$$

とします．$\sqrt{V[\hat{\alpha}]}$, $\sqrt{V[\hat{\beta}]}$ の中の σ^2 を s^2 で置き換えたものを，$\hat{\alpha}$, $\hat{\beta}$ の標準誤差といい，$S_{\hat{\alpha}}$, $S_{\hat{\beta}}$ と記します．

回帰係数の推定量の分布

$\hat{\alpha}$, $\hat{\beta}$ を標準誤差を用いて標準化すると，それぞれ自由度 $n-2$ の t 分布に従います．

$$\frac{\hat{\alpha} - \alpha}{S_{\hat{\alpha}}} = \frac{\hat{\alpha} - \alpha}{\sqrt{s^2 \sum_{i=1}^{n} x_i^2 / \{n \sum_{i=1}^{n}(x_i - \overline{x})^2\}}} \sim t(n-2)$$

$$\frac{\hat{\beta}-\beta}{S_{\hat{\beta}}} = \frac{\hat{\beta}-\beta}{\sqrt{s^2 / \sum_{i=1}^{n}(x_i-\overline{x})^2}} \sim t(n-2)$$

α の仮説検定

$t_{\delta/2, n-2}$ を自由度 $(n-2)$ の t 分布の $100\delta/2$ ％点とします．

① $H_0 : \alpha = \alpha_0$ v.s. $H_1 : \alpha \neq \alpha_0$
 ↓
② 検定統計量： $T_\alpha = \dfrac{\alpha - \alpha_0}{\sqrt{s^2 \sum_{i=1}^{n} x_i^2 / \{n \sum_{i=1}^{n}(x_i-\overline{x})^2\}}}$
 ↓
③ 帰無仮説の下，$T_\alpha \sim t(n-2)$
 ↓
④ 有意水準 δ を決める
 ↓
⑤ 棄却域： $|T_\alpha| \geq t_{\delta/2, n-2}$
 ↓
⑥ T_α を計算
 ↓
⑦ T_α の実現値と棄却域を比較

β の仮説検定

① $H_0 : \beta = \beta_0$ v.s. $H_1 : \beta \neq \beta_0$
 ↓
② 検定統計量： $T_\beta = \dfrac{\beta - \beta_0}{\sqrt{s^2 / \sum_{i=1}^{n}(x_i-\overline{x})^2}}$
 ↓
③ 帰無仮説の下，$T_\beta \sim t(n-2)$
 ↓
④ 有意水準 δ を決める
 ↓
⑤ 棄却域： $|T_\beta| \geq t_{\delta/2, n-2}$
 ↓
⑥ T_β を計算
 ↓
⑦ T_β の実現値と棄却域を比較

例

観測値が $\{(y_i, x_i)\} = \{(29, 49), (32, 55), (30, 54), (31, 57), (33, 60)\}$ であるとき，

$$y_i = \alpha + \beta x_i + u_i$$

の推定を行います．計算により，

$$\overline{y} = 31, \quad \overline{x} = 55,$$

$$\sum_{i=1}^{5}(y_i - \overline{y})^2 = 10, \quad \sum_{i=1}^{5}(x_i - \overline{x})^2 = 66, \quad \sum_{i=1}^{5}(y_i - \overline{y})(x_i - \overline{x}) = 23$$

となるので，これより，

$$\hat{\alpha} = 11.833, \quad \hat{\beta} = 0.348, \quad s^2 = 0.662$$

となります．また，$\hat{\alpha}, \hat{\beta}$ の標準誤差の2乗はそれぞれ，

$$S_{\hat{\alpha}}^2 = 30.456, \quad S_{\hat{\beta}}^2 = 0.010$$

となります．ここで，$H_0 : \alpha = 0$ を両側対立仮説に対して，有意水準5％で検定してみましょう．今，

$$T_\alpha = \frac{11.833}{\sqrt{30.456}} = 2.144$$

ですが，棄却域は $|T_\alpha| \geq 3.182$ なので，帰無仮説は受容されます．

では，$H_0 : \beta = 0$ を両側対立仮説に対して，有意水準5％で検定してみましょう．今，

$$T_\beta = \frac{0.348}{\sqrt{0.010}} = 3.481$$

ですが，棄却域は $|T_\beta| \geq 3.182$ なので，$\beta = 0$ という仮説は棄却されます．

やってみましょう

① 以下，小数点以下第4位を四捨五入します．

$$y_i = 2.78 + 0.91 \ x_i$$
$$\quad (1.12) \quad (0.21)$$

ただし，かっこ内の数値は標準誤差で，標本の大きさは15であるとします．この結果より，$H_0 : \alpha = 0$ かどうか，有意水準5％の仮説検定を行ってみましょう．今，標本の大きさは15ですか

ら，検定統計量 T_α は自由度 ☐ の ☐ 分布に従います．ですから，この検定の棄却域は，

☐

となります．今，検定統計量 T_α の実現値は ☐ / ☐ = ☐ ですから，$\alpha=0$ という仮説は ☐ されます．

次に，β の仮説検定を考えましょう．今，ある理由で β が1であるかどうか検証したいとします．したがって，帰無仮説は H_0: ☐ となり，対立仮説は H_1: ☐ となります．検定統計量 T_β は自由度 ☐ の ☐ 分布に従うので，この検定の棄却域は，

☐

となります．今，検定統計量 T_β の実現値は ☐ / ☐ = ☐ ですから，$\beta=1$ という仮説は ☐ されます．

② では，実際のデータを使って練習してみましょう．ある家計の5年間の消費支出 (y_i) と所得 (x_i) が以下で与えられているとします．

表 25.1 消費支出と所得

	1998	1999	2000	2001	2002
y_i	45	44	47	48	51
x_i	66	68	69	70	72

$$y_i = \alpha + \beta_i x_i + u_i$$

という回帰モデルを考えます．

まず，α と β の推定を行いましょう．公式通りに計算すれば，

$$\alpha = -28.9, \quad \beta = 1.1$$

$$s^2 = 1.933, \quad S_\alpha^2 = 460.617, \quad S_\beta^2 = 0.097$$

となります．

では，$H_0: \alpha=0$ に対して $H_1: \alpha \neq 0$ を有意水準10％で検定してみましょう．今，検定統計量 T_α は ____ 分布に従いますから，棄却域は，

____

となります．T_α の実現値は，____／____＝____ ですから，帰無仮説は ____ されます．

同様にして，$H_0: \beta=0$ に対して $H_1: \beta \neq 0$ を有意水準1％で検定してみましょう．今，検定統計量 T_β は ____ 分布に従いますから，棄却域は，

____

となります．T_β の実現値は，____／____＝____ ですから，帰無仮説は ____ されます．

練習問題

① 大きさ10の標本より，以下の回帰式の推定結果が得られたとする．ただし，かっこ内の数値は標準誤差とする．

$$y_i = 10.5 + 5.2\, x_i$$
$$\quad\;\; (3.2) \quad (3.1)$$

$H_0: \alpha=0$ に対して $H_1: \alpha \neq 0$ を有意水準5％で検定せよ．また，$H_0: \beta=0$ に対して $H_1: \beta \neq 0$ を有意水準5％で検定せよ．

② 大きさ15の標本より，以下の推定結果が得られたとする．ただし，かっこ内の数値は標準誤差とする．

$$y_i = -25.3 + 0.85\, x_i$$
$$\quad\;\; (10.1) \quad (0.4)$$

$H_0: \alpha=0$ に対して $H_1: \alpha \neq 0$ を有意水準5％で検定せよ．また，$H_0: \beta=1$ に対して $H_1: \beta \neq 1$ を有意水準5％で検定せよ．

③ 大きさ20の標本より，次の推定結果が得られたとする．ただし，かっこ内の数値は標準誤差とする．

$$y_i = 1.3 + 2.51\ x_i$$
$$(0.5)\quad (1.8)$$

$H_0: \alpha=1$ に対して $H_1: \alpha \neq 1$ を有意水準 10％ で検定せよ．また，$H_0: \beta=0$ に対して $H_1: \beta \neq 0$ を有意水準 10％ で検定せよ．

④ 大きさ 20 の標本より，以下の推定結果が得られたとする．ただし，かっこ内の数値は標準誤差とする．

$$y_i = 52.3 + -0.85\ x_i$$
$$(15.5)\quad\quad (0.3)$$

$H_0: \alpha=0$ に対して $H_1: \alpha \neq 0$ を有意水準 1％ で検定せよ．また，$H_0: \beta=0$ に対して $H_1: \beta \neq 0$ を有意水準 1％ で検定せよ．

⑤ 以下の表は，施肥量と農作物の収穫量の関係を示したものである．収穫量を施肥量に回帰して回帰係数を求めよ．また，$H_0: \alpha=0$ に対して $H_1: \alpha \neq 0$ を有意水準 5％ で検定せよ．さらに，$H_0: \beta=0$ に対して $H_1: \beta \neq 0$ を有意水準 5％ で検定せよ．

表 25.2 収穫量と施肥量

収穫量	5	7	6	8	7
施肥量	3	4	5	6	7

⑥ 以下の表は，施肥量と農作物の収穫量の関係を示したものである．収穫量を施肥量に回帰して回帰係数を求めよ．また，$H_0: \alpha=0$ に対して $H_1: \alpha \neq 0$ を有意水準 5％ で検定せよ．さらに，$H_0: \beta=0$ に対して $H_1: \beta \neq 0$ を有意水準 5％ で検定せよ．

表 25.3 収穫量と施肥量

収穫量	3	4	4	6	6
施肥量	10	12	14	16	18

⑦ 以下の表は，ある家計の 5 年間の所得と消費支出である．消費支出を所得に回帰して回帰係数を求めよ．また，$H_0: \alpha=0$ に対して $H_1: \alpha \neq 0$ を有意水準 1％ で検定せよ．さらに，$H_0: \beta=0$ に対して $H_1: \beta \neq 0$ を有意水準 1％ で検定せよ．

表 25.4 消費と所得

消費	48	48	50	51	53
所得	54	55	56	57	58

⑧ 次の表は，ある少年の 5 年間の身長と体重の推移を記録したものである．体重を身長に回

帰して回帰係数を求めよ．また，$H_0: \alpha=0$ に対して $H_1: \alpha \neq 0$ を有意水準 10% で検定せよ．さらに，$H_0: \beta=0$ に対して $H_1: \beta \neq 0$ を有意水準 10% で検定せよ．

表25.5 体重と身長

体重	53	56	60	61	65
身長	155	157	160	163	170

答え

やってみましょうの答え

① T_α は自由度 13 の t 分布に従います．棄却域は $|T_\alpha| \geq 2.160$

T_α の実現値は $2.78 / 1.12 = 2.482$ ですから，$\alpha=0$ という仮説は 棄却 されます．

$H_0: \beta=1$，$H_1: \beta \neq 1$

T_β は自由度 13 の t 分布に従うので，棄却域は $|T_\beta| \geq 2.160$

T_β の実現値は $|(0.91-1)| / 0.21 = 0.429$ ですから，$\beta=1$ という仮説は 受容 されます．

② T_α は t(3) 分布に従いますから，棄却域は $|T_\alpha| \geq 2.353$

T_α の実現値は，$|-28.9| / \sqrt{460.617} = 1.347$ ですから，帰無仮説は 受容 されます．

T_β は t(3) 分布に従いますから，棄却域は $|T_\beta| \geq 5.841$

T_β の実現値は，$1.1 / \sqrt{0.097} = 3.532$ ですから，帰無仮説は 受容 されます．

練習問題の答え

① α に関する検定の棄却域は $|T_\alpha| \geq t_{0.025,8}=2.306$．$|T_\alpha|=3.281$ なので，帰無仮説を棄却．β に関する検定の棄却域は $|T_\beta| \geq t_{0.025,8}=2.306$．$|T_\beta|=1.677$ なので，帰無仮説を受容．

② α に関する検定の棄却域は $|T_\alpha| \geq t_{0.025,13}=2.160$．$|T_\alpha|=2.505$ なので，帰無仮説を棄却．β に関する検定の棄却域は $|T_\beta| \geq t_{0.025,13}=2.160$．$|T_\beta|=|(0.85-1)/0.4|=0.375$ なので，帰無仮説を受容．

③ α に関する検定の棄却域は $|T_\alpha| \geq t_{0.05,18}=1.734$．$|T_\alpha|=|(1-1.3)/0.5|=0.6$ なので，帰無仮説を受容．β に関する検定の棄却域は $|T_\beta| \geq t_{0.05,18}\fallingdotseq 1.734$．$|T_\beta|=1.394$ なので，帰無仮説を受容．

④ α に関する検定の棄却域は $|T_\alpha| \geq t_{0.005,18}=2.878$．$|T_\alpha|=3.374$ なので，帰無仮説を棄却．β に関する検定の棄却域は $|T_\beta| \geq t_{0.005,18}=2.878$．$|T_\beta|=2.833$ なので，帰無仮説を受容．

⑤ $\hat{\alpha}=4.1$，$\hat{\beta}=0.5$．α に関する検定の棄却域は $|T_\alpha| \geq t_{0.025,3}=3.182$．$|T_\alpha|=2.630$ なので，帰無仮説を受容．β に関する検定の棄却域は $|T_\beta| \geq t_{0.025,3}=3.182$．$|T_\beta|=1.667$ なので，帰無仮説

を受容．

⑥ $\hat{\alpha}=-1$, $\hat{\beta}=0.4$. α に関する検定の棄却域は $|T_\alpha|\geq t_{0.025,3}=3.182$. $|T_\alpha|=0.857$ なので，帰無仮説を受容．β に関する検定の棄却域は $|T_\beta|\geq t_{0.025,3}=3.182$. $|T_\beta|=4.899$ なので，帰無仮説を棄却．

⑦ $\hat{\alpha}=-22.8$, $\hat{\beta}=1.3$. α に関する検定の棄却域は $|T_\alpha|\geq t_{0.005,3}=5.841$. $|T_\alpha|=2.126$ なので，帰無仮説を受容．β に関する検定の棄却域は $|T_\beta|\geq t_{0.005,3}=5.841$. $|T_\beta|=6.789$ なので，帰無仮説を棄却．

⑧ $\hat{\alpha}=-63.5$, $\hat{\beta}=0.761$. α に関する検定の棄却域は $|T_\alpha|\geq t_{0.05,3}=2.353$. $|T_\alpha|=3.245$ なので，帰無仮説を棄却．β に関する検定の棄却域は $|T_\beta|\geq t_{0.05,3}=2.353$. $|T_\beta|=6.264$ なので，帰無仮説を棄却．

26 発展問題1

ここでは，これまでに練習したデータの代表値の求め方を応用してみましょう．

問題

① 以下は，1999年から2001年までの消費と所得額である．

表 26.1 3年間の消費と所得

	1999				2000				2001			
消費	68	70	74	76	70	70	74	76	72	70	74	76
所得	127	124	130	138	132	128	132	140	134	130	130	136

(1) 消費の標本平均値，メジアン，モード，標本分散を求めよ．
(2) 所得の標本平均値，メジアン，モード，標本分散を求めよ．
(3) 消費と所得の標本相関係数を求めよ．
(4) 消費を所得に回帰して，回帰係数を求めよ．また，消費を縦軸，所得を横軸にして散布図と回帰直線を描きなさい．
(5) 消費の所得に対する限界性向，平均性向，弾力性を求めよ．ただし，平均性向，弾力性はそれぞれの平均値で評価せよ．
(6) 消費と所得の，1999年第3四半期から2001年第2四半期までの，四半期移動平均値を求めよ．また，元のデータと四半期移動平均値のグラフを描きなさい．
(7) (6)の四半期移動平均値の平均値を求めよ．
(8) 四半期移動平均値を用いて，標本相関係数を求めよ．
(9) 四半期移動平均をとった消費を所得に回帰して，回帰係数を求めよ．また，消費を縦軸，所得を横軸にして散布図と回帰直線を描きなさい．
(10) (9)の回帰直線より，消費の所得に対する限界性向，平均性向，弾力性を求めよ．ただし，平均性向，弾力性はそれぞれの平均値で評価せよ．
② 30万円を定期預金として預け，4年後に33万円受け取ったとする．年間の平均金利を求めよ．
③ ある年の第1四半期の経済成長率が，前期比で0.4％であった．この成長率を年率に換算せよ．
④ ある年の政府の年間経済成長率見通しは2％であった．この年の第1－第3四半期までの

成長率(前期比)は 0.3％, 0.5％, 0.2％ であった．政府の成長率見通しを達成するには，第4四半期にはどれほどの成長率(前期比)が必要か，求めよ．

⑤ 以下は2000年から3年間の白, 赤, ロゼワインの価格と購入量である．

表 26.2 ワインの価格と購入量

	白		赤		ロゼ	
	購入量	価格	購入量	価格	購入量	価格
2000	10	20	15	25	5	15
2001	12	18	17	28	7	16
2002	13	18	20	24	8	17

2000年を基準年として，2001年と2002年のライスパイレス指数とパーシェ指数を求めよ．

⑥ 下の表は，年間の所得を階級別にまとめた表である．

表 26.3 所得階級別の年間所得

所得階級(万円：以上, 未満)	世帯数	所得階級(万円：以上, 未満)	世帯数
0-100	10	500-550	80
100-150	15	550-600	90
150-200	20	600-650	100
200-250	25	650-700	100
250-300	30	700-750	80
300-350	40	750-800	60
350-400	45	800-900	40
400-450	65	900-1000	30
450-500	70	1000-	100

(1) この表から，階級幅200の度数分布表を作成し，標本平均値と標本分散の近似値を計算しなさい．ただし，最大階級は1000万円以上のオープンエンド階級とし，階級値は1200としなさい．

(2) 作成した度数分布表を元に，ヒストグラムを描きなさい．

(3) ローレンツ曲線を描き，ジニ係数を求めなさい．

⑦ 以下のデータは，統計学の試験の50人の成績である．

57, 40, 73, 97, 67, 57, 35, 74, 83, 63, 65, 81, 69, 60, 73, 47, 79, 63, 64, 78
76, 17, 72, 76, 60, 80, 75, 70, 96, 57, 80, 69, 78, 79, 73, 59, 59, 46, 57, 65
71, 64, 40, 82, 70, 78, 76, 68, 61, 55

(1) 標本平均値とメジアンを求めなさい．

(2) データの上位 5 人と下位 5 人を除いた，40 人の刈り込み平均を求めなさい．
(3) 標本分散，四分位範囲，レンジを求めなさい．
(4) $k=1.5$ として，チェビシェフの不等式が成り立つことを確認せよ．
(5) 度数分布表を作成せよ．ただし，階級数はスタージェスの公式を用いて決めよ．作成された度数分布表より，標本平均値と標本分散を計算せよ．
⑧ ある商品を販売している会社が 5 社あるとする．この 5 社の年間売上高は以下の通りであった．

表 26.4 会社ごとの売上高

	A社	B社	C社	D社	E社
売上高	160	200	340	600	700

(1) 1 つの階級に 1 つの会社のみが属するような度数分布表を作成せよ．ただし，各階級は売上高の低い会社から高い会社を順に並べ，階級値は特に記す必要はない．度数分布表には，度数，累積度数，相対度数，累積相対度数，売上高，累積売上高，相対売上高，累積相対売上高を記入せよ．
(2) 横軸を累積相対度数，縦軸を累積相対売上高としてローレンツ曲線を描きなさい．また，ジニ係数を計算せよ．この場合，ローレンツ曲線やジニ係数は何を計測する尺度として解釈できるか述べよ．
⑨ 以下は麦茶とウーロン茶の価格と購入量である．

表 26.5 麦茶とウーロン茶の価格と購入量

	麦茶		ウーロン茶	
	数量	価格	数量	価格
2000	15	10	10	15
2001	13	12	12	14

2000 年を基準年として，ライスパイレス指数とパーシェ指数を求めよ．また，2001 年を基準年として，ライスパイレス指数とパーシェ指数を求めよ．
⑩ 以下の表は施肥量と，ある農作物の収穫量の関係を示したものである．収穫量を施肥量に回帰して回帰係数と決定係数を求め，散布図と回帰直線を図示せよ．また，収穫量の施肥量に対する限界性向，平均性向，弾力性を求めよ．

表 26.6 収穫量と施肥量

収穫量	15	16	16	17	18
施肥量	5	6	7	8	9

答え

① (1) 標本平均値 $=72.5$，メジアン $=73$，モード 70，標本分散 $=8.091$．
(2) 標本平均値 $=131.75$，メジアン $=131$，モード 130，標本分散 $=21.477$．
(3) 標本相関係数 $=0.783$．
(4) 回帰係数は，$a=9.204$，$b=0.480$．
(5) 限界性向 $=0.480$，平均性向 0.550，弾力性 $=0.873$．
(6) 消費の四半期移動平均値は，72.25, 72.5, 72.5, 72.5, 72.75, 73, 73, 73．所得の四半期移動平均値は，130.375, 131.5, 132.25, 132.75, 133.25, 133.75, 133.75, 133．
(7) 消費の平均値は 72.688，所得の平均値は 132.578．
(8) 相関係数 $=0.884$．
(9) 回帰係数は $a=43.449$，$b=0.221$．
(10) 限界性向 $=0.221$，平均性向 0.548，弾力性 $=0.402$．

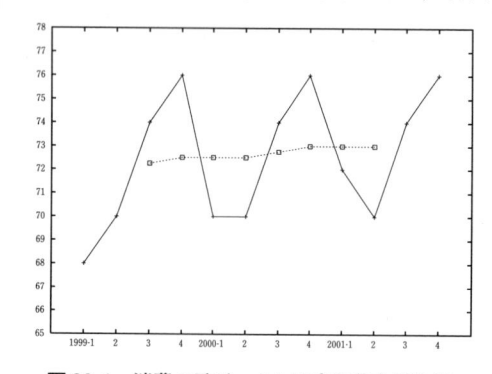

図 26.1 消費の元データと四半期移動平均値

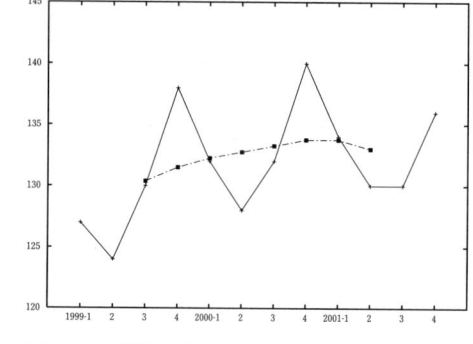

図 26.2 所得の元データと四半期移動平均値

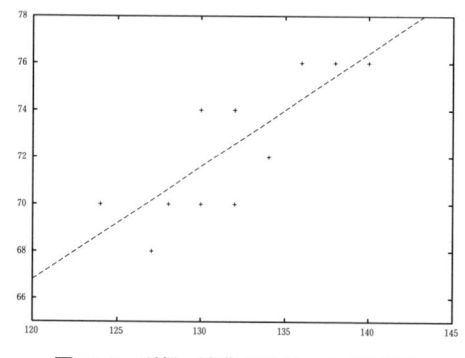

図 26.3 所得・消費の元データの散布図

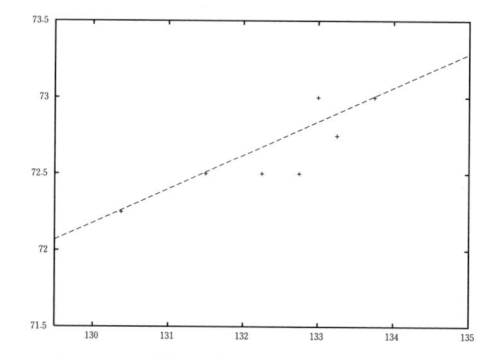

図 26.4 所得・消費の四半期移動平均値の散布図

② 年間平均倍率を r とすると，$30 \times r^4 = 33$．したがって，$r^4 = 1.1$ であるから，$r \simeq 1.024$．したがって，年間平均金利は 2.4% である．

③ 成長率を年率に直すということは，その四半期の成長率（前期比）が 4 期間連続で続いた場

合の成長率を計算するということである．今，第1四半期の成長率 0.4％が1年間続けば，経済規模は $1.004^4 \simeq 1.016$ 倍になるということである．したがって，年率では 1.6％ の成長率になる．

④ 第4四半期に経済規模が前期比で r 倍になったとする．政府の年間経済成長率を達成した場合には，$1.003 \times 1.005 \times 1.002 \times r = 1.02$ という式が成り立つ．これより，$r \simeq 1.010$．したがって，政府の年間見通しを達成するには，第4四半期に前期比 1.0％ の成長が達成されなければならない．

⑤ 2001年のラスパイレス指数は 1.046，パーシェ指数は 1.048．2002年のラスパイレス指数は 0.962，パーシェ指数は 0.966．

⑥ (1) 度数分布表は以下の通り．この表より求められる標本平均値は 620.00，標本分散は 72272.27．

表 26.7 問題⑥の度数分布表

階級	階級値	度数	累積度数	相対度数	累積相対度数
0-200	100	45	45	0.05	0.05
200-400	300	140	185	0.14	0.19
400-600	500	305	490	0.31	0.49
600-800	700	340	830	0.34	0.83
800-1000	900	70	900	0.07	0.90
1000-	1200	100	1000	0.10	1.00
		1000		1.00	

(**表 26.7** の続き)

階級	所得	相対所得	累積所得	累積相対所得
0-200	4500	0.01	4500	0.01
200-400	42000	0.07	46500	0.08
400-600	152500	0.25	199000	0.32
600-800	238000	0.38	437000	0.70
800-1000	63000	0.10	500000	0.81
1000-	120000	0.19	620000	1.00
	620000	1.00		

(2) ヒストグラムは，最大階級がオープンエンド階級となる．他の階級の棒グラフの高さを度数とする．最大階級は階級値を棒グラフの中点として，1000-1400 の幅をもたせ，高さは 1/2 倍

にして 50 とする．

(3) ジニ係数 $=0.23$．

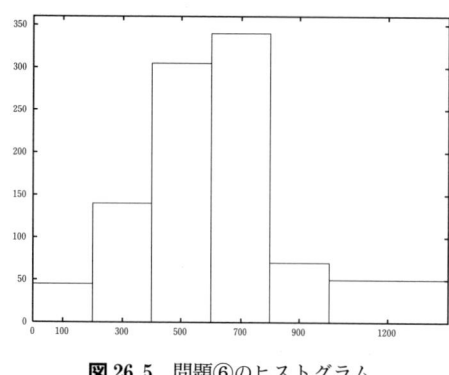

図 26.5 問題⑥のヒストグラム

図 26.6 問題⑥のローレンツ曲線

⑦ (1) 標本平均値 $=66.68$，メジアン $=69$．

(2) 刈り込み平均 $=67.925$．

(3) 標本分散 $=216.753$，四分位範囲 $=76-59=17$，レンジ $=97-17=80$．

(4) $k=1.5$ のときの (3-1) の範囲は，$44.596 \leq x_i \leq 88.764$，この範囲に入らない観測値は 6 個あるから，チェビシェフの不等式は，

$$\frac{6}{50} = 0.12 \leq \frac{1}{1.5^2} = 0.444 \cdots$$

となり，成り立つ．

(5) 標本の大きさ 50 をスタージスの公式に代入すると 6.6 なので，階級数は 6 とする．今，レンジは 80 なので，階級幅は少なくとも $80/6=13.3$ より広くする必要がある．ここでは切りのよい 15 を階級幅とする．また，試験の満点は 100 点であるから，最大階級は 85 以上 100 未満とすれば，最小階級は 10 以上 25 以下となる．度数分布表から求まる標本平均値は 67.6，標本分散は 189.276 である．

表 26.8 問題⑦の度数分布表

階級	階級値	度数	累積度数	相対度数	累積相対度数
10-25	17.5	1	1	0.02	0.02
25-40	32.5	1	2	0.02	0.04
40-55	47.5	4	6	0.08	0.12
55-70	62.5	20	26	0.40	0.52
70-85	77.5	22	48	0.44	0.96
85-100	92.5	2	50	0.04	1.00
計		50		1.00	

⑧ (1) 度数分布表は次の通り．

(2) ジニ係数 $=0.296$．この場合，ローレンツ曲線はある商品市場のシェア率を元に作成しており，ジニ係数は，その商品が少数の会社に独占的に販売されているかどうかの指標となる．

表 26.9 問題⑧の度数分布表

	度数	累積度数	相対度数	累積相対度数
A社	1	1	0.20	0.20
B社	1	2	0.20	0.40
C社	1	3	0.20	0.60
D社	1	4	0.20	0.80
E社	1	5	0.20	1.00
計	5		1.00	

(**表 26.9** の続き)

	売上高	累積売上高	相対売上高	累積相対売上高
A社	160	160	0.08	0.08
B社	200	360	0.10	0.18
C社	340	700	0.17	0.35
D社	600	1300	0.30	0.65
E社	700	2000	0.35	1.00
	2000		1.00	

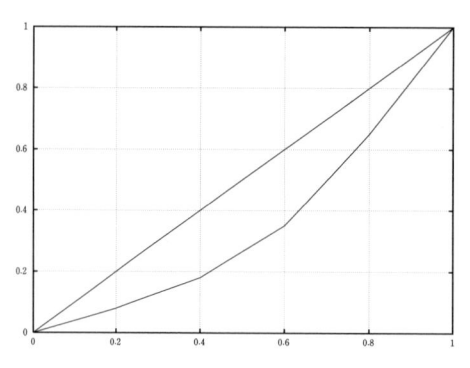

図 26.7 問題⑧のローレンツ曲線

⑨ 2000 年を基準年とした場合，ラスパイレス指数は 1.067，パーシェ指数は 1.045 となる．2001 年を基準年とした場合，ラスパイレス指数は 1.045，パーシェ指数は 1.067 となる．

⑩ 回帰直線は $y = 11.5 + 0.7 \times x$，決定係数は $R^2 = 0.942$ となる．限界性向 $= 0.7$，平均性向 $= 2.343$，弾力性 $= 0.299$．

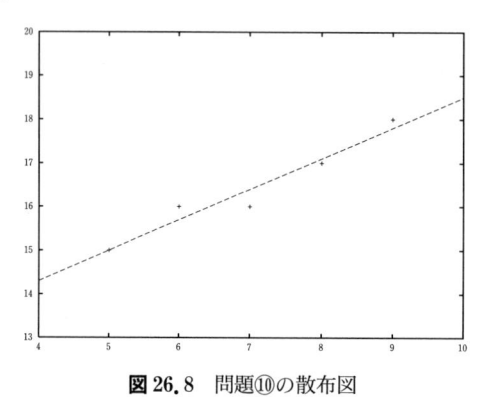

図 26.8 問題⑩の散布図

27 発展問題2

ここでは，これまでに練習した確率に関する問題を解いてみましょう．

問題

① 20ヶ国からなるあるグループに，アジアの国が5ヶ国所属しているとする．このグループから3ヶ国を選ぶとき，アジア諸国がまったく選ばれない確率を求めよ．

② 箱の中に，赤，白，黄，黒の4つの玉が入っている．この中から3つの玉を選ぶとき，3番目に黒玉が選ばれる確率を求めよ．

③ 100個のくじの中で，当たりくじが10個あるとする．くじを3回引いたとき，少なくとも1枚当たりを引いていたとする．この条件の下で，当たりを2枚以上引いている確率を求めよ．

④ 箱の中に，赤玉が3つ，白玉2つ，黒玉2つが入っている．この中から3つの玉を選ぶとき，最初に赤玉，最後に黒玉を選ぶ確率を求めよ．

⑤ 52枚のトランプから13枚の札を選ぶとき，ハートが3枚，スペードが4枚含まれている確率を求めよ．

⑥ 2つのサイコロを投げて，少なくとも一方の目が2である，という条件の下で，出た目の和が5以上である確率を求めよ．

⑦ 30人の学生の中から，代表者を2人，くじ引きで決めることとなった．箱の中に30個のくじがあり，その中に2つ，当たりくじが入っているとする．
(1) 最初にくじを引く人が代表者になる確率を求めよ．
(2) 3番目にくじを引いた人が代表者になる確率を求めよ．
(3) 最初の2人が代表者にならなかったとする．この条件の下で，3番目にくじを引いた人が代表者になる確率を求めよ．
(4) 最後にくじを引く人が代表者になる確率を求めよ．
(5) 最初にくじを引いた人が代表者になったとする．この条件の下で，最後にくじを引く人が代表者となる確率を求めよ．

⑧ ある気象予報士は，平均で10回に7回，翌日の天気を当てることができる．ある3連休の天気予報のうち，この予報士が少なくとも2日間の天気を当てる確率を求めよ．

⑨ ある人は，釣りに行くと3回に1回はまったく何も釣れなかったとする．この人が4回釣りに行って，少なくとも1回は魚を釣ることができる確率を求めよ．

⑩ ある人は，2時間に4通の割合でe-mailを受け取る．この人が，30分で1通以上のe-mail

を受け取る確率を求めよ．

⑪ ある駐車場には，4時間あたり16台の車が入ってくる．この駐車場に，1時間で高々2台しか車が入ってこない確率を求めよ．

⑫ 連続確率変数 X の分布関数が，以下で与えられているとする．

$$F(x) = \begin{cases} 0 : x < 0 \\ \dfrac{x^2}{4} : 0 \leq x \leq 1 \\ \dfrac{x}{4} : 1 \leq x \leq 2 \\ \dfrac{x-1}{2} : 2 \leq x \leq 3 \\ 1 : x > 3 \end{cases}$$

(1) X の密度関数 $f(x)$ を求めよ．
(2) X の期待値を求めよ．

⑬ $X \sim N(8, 25)$ のとき，X の 93.7％点と 20.9％点を求めよ．また，$P(6 \leq X \leq 12)$ を求めよ．

⑭ $X \sim N(-3, 36)$ のとき，X の 98.9％点と 16.6％点を求めよ．また，$P(-9 \leq X \leq 0)$ を求めよ．

⑮ $X \sim N(3, 4)$ のとき，X の 98.9％点と 16.6％点を求めよ．また，$P(X \geq 2)$ を求めよ．

⑯ 離散確率変数 X の実現値が $\{-1, 1\}$ で，確率関数が $p(-1) = 1-k$, $p(1) = k$（k は $0 < k < 1$ の定数）で与えられているとき，X の期待値と分散を求めよ．

答え

① 選ぶ順番は問題ではないので，組み合わせで考える．20ヶ国から3ヶ国を選ぶ組み合わせは ${}_{20}C_3$ 通りである．一方，アジア諸国が選ばれないということは，残り15ヶ国の中から3ヶ国すべてが選ばれるということであるから，その組み合わせは ${}_{15}C_3$ 通りである．したがって，求める確率は，${}_{15}C_3 / {}_{20}C_3 = 91/228$ となる．

② 選ぶ順番が関係しているので，順列で考える．4つの玉から3つの玉を選ぶ順列の総数は，${}_4P_3 = 24$ 通りである．最初の2つは黒玉以外の3つから選ばれるから，その順列は ${}_3P_2 = 6$ 通りである．また，3番目に選ぶ黒玉は1つしかないので，結局，3番目に黒玉を選ぶのは 6 通りである．したがって，求める確率は $6/24 = 1/4$ となる．

③ $A = \{$少なくとも1枚が当たりくじである$\}$，$B = \{$2枚以上が当たりくじである$\}$ とする．100個のくじから3個を引く組み合わせは，${}_{100}C_3$ 通りである．事象 A は，「1枚も当たりくじがない」という事象の排反事象であるが，これは，90枚のはずれくじから3枚を引くことになるので，組み合わせは ${}_{90}C_3$ 通りである．したがって，$P(A) = 1 - P(A^c) = 1 - {}_{90}C_3 / {}_{100}C_3$ と

なる．一方，$A\cap B=B$ であるから，これは当たりが2枚か3枚という事象である．したがって，その組み合わせは，$_{10}C_2\cdot{}_{90}C_1+{}_{10}C_3$ 通りとなるので，$P(A\cap B)=({}_{10}C_3\cdot{}_{90}C_1+{}_{10}C_3)/{}_{100}C_3$ である．以上より，求める確率は，

$$P(B|A)=\frac{{}_{10}C_2\cdot{}_{90}C_1+{}_{10}C_3}{{}_{100}C_3-{}_{90}C_3}=\frac{139}{1474}$$

である．

④ 選ぶ順番が関係しているので，順列で考える．7つの玉から3つを選ぶ順列は，$_7P_3=210$ 通りである．最初に3つの赤玉から1つ選ぶので，これは3通りである．2番目には黒玉か黒玉以外が選ばれる．2番目に黒玉が選ばれるのは，2つの黒玉から1つ選んだ場合であるから，2通りである．このとき，3回目に玉を選ぶときには1つの黒玉しか残っていない．したがって，赤－黒－黒と選ぶ順列は $3\times2\times1=6$ 通りである．一方，2番目に黒玉以外を選ぶのは，黒玉以外の残り4つから1つを選ぶ4通りである．3番目には2つの黒玉から1つを選ぶ2通りである．したがって，赤－黒以外－黒と選ぶ順列は $3\times4\times2=24$ 通りである．これより，最初に赤玉，最後に黒玉を選ぶのは全部で $6+24=30$ 通りとなる．したがって，求める確率は $30/210=1/7$ である．

⑤ 選ぶ順番は問題ではないので，組み合わせで考える．52枚のトランプから13枚のトランプを選ぶ組み合わせは，$_{52}C_{13}$ 通りである．一方，13枚のハートから3枚を選ぶ組み合わせは $_{13}C_3$ 通り，13枚のスペードから4枚を選ぶ組み合わせは $_{13}C_4$ 通りである．残りの6枚はハートとスペード以外の26枚のトランプから選ぶので，その組み合わせは $_{26}C_6$ 通りである．したがって，ハートを3枚，スペードを4枚選ぶ組み合わせは $_{13}C_3\cdot{}_{13}C_4\cdot{}_{26}C_6$ 通りなので，求める確率は，$_{13}C_3\cdot{}_{13}C_4\cdot{}_{26}C_6/{}_{52}C_{13}$ となる．

⑥ $A=\{$少なくとも一方の目が2である$\}$，$B=\{$出た目の和が5以上である$\}$ とする．A の事象は，最初に2が出て2回目に2以外の目が出る（5通り）か，最初に2以外の目が出て2回目に2が出る（5通り）か，もしくは，1回目も2回目も2が出る（1通り），という事象であるから，$P(A)=11/36$ である．一方，$A\cap B$ は，1回目に2が出て2回目は3以上が出る（4通り）か，1回目に3以上が出て2回目に2が出る（4通り）かなので，$P(A\cap B)=8/36$ となる．したがって，求める確率は，

$$P(A|B)=\frac{8/36}{11/36}=\frac{8}{11}$$

となる．

⑦ (1) 最初にくじを引く人は，30個のくじの中の，2個の当たりのどちらかを引けば代表者になるので，求める確率は，$2/30=1/15$．

(2) まず，最初の3人のくじの引き方の順列は $_{30}P_3$ 通りである．3番目にくじを引いた人が代

表者となるのは，最初の 2 人がともにはずれくじを引き，3 番目の人が当たりくじを引くか，最初の 2 人のうちのどちらかが当たりくじを引き，3 番目の人が当たりくじを引く場合である．前者の場合は，最初の 2 人が 28 個のはずれくじを引き，3 番目の人が当たりくじを引く場合であるから，$_{28}P_2 \times {_2}P_1$ 通りである．一方，後者の場合は，最初が当たり，2 番目がはずれで 3 番目当たるのは $_2P_1 \times {_{28}}P_1 \times 1$ 通り，1 番目がはずれで 2 番目が当たり，3 番目も当たるのはこれと同じ順列の数だけあるので，後者の順列の総数は $2 \times {_2}P_1 \times {_{28}}P_1$ 通り．これより，求める確率は，

$$\frac{{_{28}}P_2 \times {_2}P_1 + 2 \times {_2}P_1 \times {_{28}}P_1}{{_{30}}P_3} = \frac{1}{15}$$

(3) $A = \{$最初の 2 人が代表者にならない$\}$，$B = \{$3 番目の人が代表者になる$\}$ とする．最初の 2 人が代表者にならないのは，2 人とも 28 枚のはずれくじから引いた場合であるから，その順列は $_{28}P_2$ 通りで，$P(A) = {_{28}}P_2 / {_{30}}P_2$ となる．一方，$A \cap B$ は，最初の 2 人が 28 個のはずれくじの中から 2 つを引き，3 番目の人が 2 個の当たりくじから 1 つを引く場合であるから，$P(A \cap B) = {_{28}}P_2 \times {_2}P_1 / {_{30}}P_3$ となる．したがって，求める確率は，

$$P(B|A) = \frac{{_{28}}P_2 / {_{30}}P_2}{{_{28}}P_2 \times {_2}P_1 / {_{30}}P_3} = \frac{1}{14}$$

となる．

(4) 最後にくじを引く人が代表者となるのは，29 人までのうち，当たりを引いたのは 1 人であった場合である．29 人の中の誰が当たりを引いてもかまわないので，この場合は組み合わせで考える．30 個のくじから 29 個を引く組み合わせは $_{30}C_{29}$ 通りで，28 人がはずれくじ 28 個を引き，1 人が当たりくじ 1 個を引く組み合わせは $_{28}C_{28} \times {_2}C_1$ 通りである．したがって，求める確率は

$$\frac{{_{28}}C_{28} \times {_2}C_1}{{_{30}}C_{29}} = \frac{1}{15}$$

である．

(5) $A = \{$最初にくじを引いた人が代表者になる$\}$，$B = \{$最後にくじを引いた人が代表者になる$\}$ とする．$P(A) = 1/15$ はすでに求めた．一方，$A \cap B$ は，最初の人が当たりくじ 2 つのうちのどちらかを引き，続く 2 番目から 29 番目の 28 人が 28 個のはずれくじを引き，最後の人が残った当たりくじを引く，ということだから，$P(A \cap B) = {_2}P_1 \times {_{28}}P_2 \times 1 / {_{30}}P_{30}$ となる．したがって，求める確率は，

$$P(B|A)=\frac{_2\mathrm{P}_1\times {}_{28}\mathrm{P}_2\times 1/_{30}\mathrm{P}_{30}}{1/15}=\frac{1}{29}$$

となる．

⑧ X を 3 日間の予報のうち天気を当てた日数とすると，$X\sim \mathrm{B}(3,0.7)$ となるので，求める確率は，$P(X\geq 2)=\sum_{x=2}^{3}{}_3\mathrm{C}_x(0.7)^x(0.3)^{3-x}=0.784$．

⑨ X を 4 回釣りに行って魚が釣れる回数とすると，$X\sim \mathrm{B}(4,2/3)$ となるので，求める確率は，$P(X\geq 1)=1-P(X=0)=1-{}_4\mathrm{C}_0(2/3)^0(1/3)^4=80/81$．

⑩ X を 30 分のうちに届く e-mail の数とすると，$X\sim \mathrm{P}_0(1)$ となるので，求める確率は，$P(X\geq 1)=1-P(X=0)=1-\mathrm{e}^{-1}(\simeq 0.632)$．

⑪ X を 1 時間に入ってくる車の台数とすると，$X\sim \mathrm{P}_0(4)$ となるので，求める確率は，$P(X\leq 2)=\sum_{x=0}^{2}\mathrm{e}^{-4}4^x/x!=13\mathrm{e}^{-4}(\simeq 0.238)$．

⑫ (1) X の密度関数 $f(x)$ は，

$$f(x)=\begin{cases} 0 : x<0 \\ \dfrac{x}{2} : 0\leq x\leq 1 \\ \dfrac{1}{4} : 1\leq x\leq 2 \\ \dfrac{1}{2} : 2\leq x\leq 3 \\ 0 : x>3 \end{cases}$$

(2) $\mathrm{E}[X]=\int_0^1 x(x/2)\,\mathrm{d}x+\int_1^2 x(1/4)\,\mathrm{d}x+\int_2^3 x(1/2)\,\mathrm{d}x=43/24$．

⑬ $P(X\leq x)=P(Z\leq (x-8)/5)=0.937$ で，Z の 93.7% 点は 1.53 であるから，$(x-8)/5=1.53$．したがって，X の 93.7% 点は 15.65．また，$P(Z\leq (x-8)/5)=1-P(Z\leq -(x-8)/5)=0.209$ より，$P(Z\leq -(x-8)/5)=0.791$．Z の 79.1% 点は 0.81 なので，$-(x-8)/5=0.81$．したがって，X の 20.9% 点は，3.95．一方，$P(6\leq X\leq 12)=P(-0.4\leq Z\leq 0.8)=P(Z\leq 0.8)-P(Z\leq -0.4)=P(Z\leq 0.8)-(1-P(Z\leq 0.4))=0.7881-(1-0.6554)=0.444$．

⑭ $P(X\leq x)=P(Z\leq (x+3)/6)=0.989$ で，Z の 98.9% 点は 2.29 であるから，$(x+3)/6=2.29$．したがって，X の 98.9% 点は 10.74．また，$P(Z\leq (x+3)/6)=1-P(Z\leq -(x+3)/6)=0.166$ より，$P(Z\leq -(x+3)/6)=0.834$．Z の 83.4% 点は 0.97 なので，$-(x+3)/6=0.97$．したがって，X の 16.6% 点は，-8.82．一方，$P(-9\leq X\leq 0)=P(-1\leq Z\leq 0.5)=P(Z\leq 0.5)-P(Z\leq -1)=P(Z\leq 0.5)-(1-P(Z\leq 1))=0.6915-(1-0.8413)=0.533$．

⑮ $P(X \leq x) = P(Z \leq (x-3)/2) = 0.989$ で，Z の 98.9％点は 2.29 であるから，$(x-3)/2 = 2.29$．したがって，X の 98.9％点は 7.58．また，$P(Z \leq (x-3)/2) = 1 - P(Z \leq -(x-3)/2) = 0.166$ より，$P(Z \leq -(x-3)/2) = 0.834$．$Z$ の 83.4％点は 0.97 なので，$-(x-3)/2 = 0.97$．したがって，X の 16.6％点は，1.06．一方，$P(X \geq 2) = P(Z \geq -0.5) = P(Z \leq 0.5) = 0.692$．

⑯ $E[X] = -1 \times (1-k) + 1 \times k = 2k-1$．また，$E[X^2] = (-1)^2 \times (1-k) + 1^2 \times k = 1$ より，$V[X] = 1 - (2k-1)^2 = 4k(1-k)$．

28 発展問題3

ここでは，これまでに練習した推定・検定に関する問題を解いてみましょう．

問題

① あるメーカーが作るビデオテープの録画時間が正規分布に従うとする．このメーカーの5本のビデオテープを調べたところ，123, 124, 123, 124, 124 分録画が可能であった．平均録画時間 μ の，信頼係数 0.95 の信頼区間を求めなさい．また，$H_0: \mu=120$ を $H_1: \mu \neq 120$ に対して，有意水準5％で検定せよ．

② ①の問題で，分散 σ^2 の，信頼係数 0.95 の信頼区間を求めなさい．また，$H_0: \sigma^2=1$ を $H_1: \sigma^2 \neq 1$ に対して，有意水準5％で検定せよ．

③ ある時計の1ヶ月あたりの誤差が正規分布に従うとする．実際に8ヶ月間調べてみたところ，$-3, -4, -2, -5, -6, -4, -3, -4$ 秒の誤差があった．この時計の1ヶ月あたりの平均誤差 μ の，信頼係数 0.95 の信頼区間を求めなさい．また，$H_0: \mu=-2$ を $H_1: \mu<-2$ に対して，有意水準1％で検定せよ．

④ ③の問題で，分散 σ^2 の，信頼係数 0.9 の信頼区間を求めなさい．また，$H_0: \sigma^2=0.5$ を $H_1: \sigma^2 \neq 0.5$ に対して，有意水準10％で検定せよ．

⑤ ある蛍光灯の寿命が $N(\mu, 2500)$ の正規分布に従うとする．この蛍光灯10本の寿命を調べたところ，1200, 1300, 1250, 1380, 1320, 1240, 1260, 1310, 1320, 1280 時間であった．この蛍光灯の平均寿命 μ の，信頼係数 0.95 の信頼区間を求めなさい．また，$\mu=1300$ であるかどうか，有意水準5％で検定せよ．

⑥ ⑤の問題で，分散は未知で，平均値が 1300 であるとわかっているとする．このとき，分散 σ^2 の，信頼係数 0.95 の信頼区間を求めなさい．また，$H_0: \sigma^2=2500$ を $H_1: \sigma^2>2500$ に対して，有意水準5％で検定せよ．

⑦ ある株価の収益率が $N(\mu, 9)$ の正規分布に従うとする．過去8ヶ月の収益率が，3, 0, $-1, -2, 1, 3, 2, -1$ であった．収益率 μ の，信頼係数 0.95 の信頼区間を求めなさい．また，平均収益率が正であるかどうか，有意水準5％で検定せよ．

⑧ ⑦の問題で，分散は未知であるとする．このとき，分散 σ^2 の，信頼係数 0.95 の信頼区間を求めなさい．また，$H_0: \sigma^2=16$ を $H_1: \sigma^2<16$ に対して，有意水準5％で検定せよ．

⑨ 25歳の男性100人にアンケートを採ったところ，アルバイトのみの収入で生活をしている人が15人いた．アルバイトのみで生計を立てている人の割合を p として，信頼係数 0.99 の p に

関する信頼区間を求めよ．また，アルバイトのみで生計を立てている人の割合が 10％ より多いかどうか，有意水準 5％ で検定せよ．

⑩ 主婦 200 人にアンケートを採ったところ，午前中に家の掃除を行う人は 120 人であった．午前中に掃除を行う人の割合を p として，信頼係数 0.95 の p に関する信頼区間を求めよ．また，午前中に掃除を行う人の割合が半数を超えるかどうか，有意水準 5％ で検定せよ．

⑪ ある地区で最近，半年以内にパソコンを購入したかどうか調査したところ，1000 人中 350 人が購入したことがわかった．この地区全体でパソコンを購入した人の割合を p として，信頼係数 0.9 の p に関する信頼区間を求めよ．また，パソコンを購入した人の割合が 40％ より小さいかどうか，有意水準 1％ で検定せよ．

⑫ A 社のスピードメーターの計測誤差は $N(\mu_1, 1)$ に従うとする．時速 80 km のボールの速度を 8 回計測したところ，このメーターの誤差は，$-1, 0, 2, 1, -1, 0, 0, 1$ km であった．一方，B 社のスピードメーターの計測誤差は $N(\mu_2, 1.5)$ に従い，時速 80 km のボールの速度を 10 回計測したところ，計測誤差は，$0, -2, -1, 1, -1, 0, -2, 1, -2, 1$ km であった．2 つのメーターの平均計測誤差が等しいかどうか，有意水準 5％ で検定せよ．

⑬ 日本酒 A のアルコール度数が $N(\mu_1, 0.05)$ に従うとする．この日本酒 6 本のアルコール度数を調べたところ，$14, 14.2, 13.9, 14.1, 14.5, 14.4$％ であった．一方，日本酒 B のアルコール度数は $N(\mu_1, 0.08)$ に従い，この日本酒 10 本のアルコール度数を調べたところ，$13.2, 13.9, 13.5, 13.3, 13.2, 13.7, 13.5, 13.1, 13.7, 13.8$％ であった．2 つの日本酒のアルコール度数が等しいかどうか，有意水準 10％ で検定せよ．

⑭ A 県で 1000 人の人を調査したところ，失業者は 51 人であった．一方，B 県で 700 人の人を調査したところ，失業者は 42 人であった．A 県の方が失業率が低いかどうか，有意水準 5％ で検定せよ．

⑮ ある年のゴールデンウィークにヨーロッパ旅行へ行ったかどうか 500 人に聞いたところ，12 人が行ったと答えた．一方，アメリカへ旅行へ行ったかどうか 800 人に聞いたところ，32 人が行ったと答えた．ヨーロッパ旅行よりもアメリカ旅行の方が人気があるといえるだろうか．有意水準 10％ で検定せよ．

⑯ 以下の表は，ある家計の 5 ヶ月間の所得と，食費の支出である．

表 28.1 食費と所得

食費	4	5	4	5	6
所得	18	19	19	20	21

(1) 食費を所得に回帰して，回帰係数と決定係数を求めよ．
(2) 食費の所得に対する限界性向，平均性向，弾力性を求めよ．ただし，平均性向，弾力性はそれぞれの平均値で評価せよ．
(3) $H_0: \alpha=0$ に対して $H_1: \alpha \neq 0$ を有意水準 5％ で検定せよ．さらに，$H_0: \beta=0.5$ に対して

$H_1: \beta \neq 0.5$ を有意水準 5％で検定せよ．

⑰ 以下の表は，5 年間の，ある商品の価格と原材料の価格である．

表 28.2 商品価格と原材料価格

商品価格	8	9	13	10	15
原材料価格	20	21	23	21	25

(1) 商品価格を原材料価格に回帰して，回帰係数と決定係数を求めよ．

(2) 商品価格の原材料価格に対する限界性向，平均性向，弾力性を求めよ．ただし，平均性向，弾力性はそれぞれの平均値で評価せよ．

(3) $H_0: \alpha=0$ に対して $H_1: \alpha \neq 0$ を有意水準 1％で検定せよ．さらに，$H_0: \beta=0$ に対して $H_1: \beta \neq 0$ を有意水準 1％で検定せよ．

⑱ 以下の表は，施肥量とある農作物の収穫量の関係である．

表 28.3 収穫量と施肥量

収穫量	4	5	6	7	7	8	8
施肥量	10	11	12	13	14	15	16	17

(1) 収穫量を施肥量に回帰して，回帰係数と決定係数を求めよ．

(2) 収穫量の施肥量に対する限界性向，平均性向，弾力性を求めよ．ただし，平均性向，弾力性はそれぞれの平均値で評価せよ．

(3) $H_0: \alpha=0$ に対して $H_1: \alpha \neq 0$ を有意水準 5％で検定せよ．さらに，$H_0: \beta=0$ に対して $H_1: \beta \neq 0$ を有意水準 5％で検定せよ．

答え

① $\overline{X}=123.6$，$S^2=0.3$，$t_{0.025,4}=2.776$ であるので，$123.6-2.776\times\sqrt{0.3/5}\leq\mu\leq123.6+2.776\times\sqrt{0.3/5}$ より，信頼区間は $122.92\leq\mu\leq124.28$．また，帰無仮説の下では $T=(\overline{X}-120)/\sqrt{0.3/5}\sim t(4)$ だから，棄却域は $|T|\geq2.776$ となる．今，$|T|$ の実現値は 14.70 なので，帰無仮説は棄却される．

② μ が未知であるから，$c^L_{0.025,4}=0.484$，$c^U_{0.025,4}=11.14$，$S^2=0.3$ となるので，信頼区間は $4\times0.3/11.14\leq\sigma^2\leq4\times0.3/0.484$ より，$0.108\leq\sigma^2\leq2.479$．また，帰無仮説の下では $W_2=4S^2/1\sim\chi^2(4)$ だから，棄却域は $W_2\leq0.484$，$W_2\geq11.14$ となる．今，W_2 の実現値は 1.2 なので，帰無仮説は受容される．

③ $\overline{X}=-3.875$，$S^2=1.554$，$t_{7,0.025}=2.365$ であるので，$-3.875-2.365\times\sqrt{1.554/8}\leq\mu\leq-3.875+2.365\times\sqrt{1.554/8}$ より，信頼区間は $-4.92\leq\mu\leq-2.83$．また，帰無仮説の下では $T=$

$(\overline{X}+2)/\sqrt{1.554/8} \sim t(7)$ だから，棄却域は $T \leq -2.998$ となる．今，T の実現値は -4.254 なので，帰無仮説は棄却される．

④　μ が未知であるから，$c^L_{0.05,7}=2.167$，$c^U_{0.05,7}=14.07$，$S^2=1.554$ となるので，信頼区間は $7 \times 1.554/14.07 \leq \sigma^2 \leq 7 \times 1.554/2.167$ より，$0.77 < \sigma^2 < 5.02$．また，帰無仮説の下では $W_2=7S^2/0.5 \sim \chi^2(7)$ だから，棄却域は $W_2 < 2.167$，$W_2 \geq 14.07$ となる．今，W_2 の実現値は 21.756 なので，帰無仮説は棄却される．

⑤　$\overline{X}=1286$，$\sigma^2=2500$，$z_{0.025}=1.96$ であるので，$1286-1.96 \times \sqrt{2500/10} \leq \mu \leq 1286+1.96 \times \sqrt{2500/10}$ より，信頼区間は $1255.01 \leq \mu \leq 1316.99$．また，$\mu=1300$ であるかどうか検定したいのであるから，両側対立仮説を考えることにする．帰無仮説の下では $\overline{X} \sim N(\mu, 2500/10)$ であるから，棄却域は $|\overline{X}-1300|/\sqrt{2500/10} \geq 1.96$ となる．左辺の実現値は 0.885 であるから，帰無仮説は受容される．

⑥　μ が既知であるから，$c^L_{0.025,10}=3.247$，$c^U_{0.025,10}=20.48$，$\tilde{\sigma}^2=2540$ となるので，信頼区間は $10 \times 2540/20.48 \leq \sigma^2 \leq 10 \times 2540/3.247$ より，$1240.23 \leq \sigma^2 \leq 7822.61$．また，帰無仮説の下では $W_1=10\tilde{\sigma}^2/2500 \sim \chi^2(10)$ だから，棄却域は $W_1 \geq 18.31$ となる．今，W_1 の実現値は 10.16 なので，帰無仮説は受容される．

⑦　$\overline{X}=0.625$，$\sigma^2=9$，$z_{0.025}=1.96$ であるので，$0.625-1.96 \times \sqrt{9/8} \leq \mu \leq 0.625+1.96 \times \sqrt{9/8}$ より，信頼区間は $-1.45 \leq \mu \leq 2.70$．また，収益率が正であるかどうかの検定では，収益率が負になることは問題にしていないので，$H_0: \mu=0$ に対して，片側対立仮説 $H_1: \mu>0$ を検定する．帰無仮説の下では $\overline{X} \sim N(0, 9/8)$ であるから，棄却域は $\overline{X}/\sqrt{9/8} \geq 1.645$ となる．左辺の実現値は 0.589 であるから，帰無仮説は受容される．

⑧　μ が未知であるから，$c^L_{0.025,7}=1.690$，$c^U_{0.025,7}=16.01$，$S^2=8$ となるので，信頼区間は $7 \times 8/16.01 \leq \sigma^2 \leq 7 \times 8/1.690$ より，$3.50 \leq \sigma^2 \leq 33.14$．また，帰無仮説の下では $W_2=7S^2/16 \sim \chi^2(7)$ だから，棄却域は $W_2 \leq 2.167$ となる．今，W_2 の実現値は 3.5 なので，帰無仮説は受容される．

⑨　$\hat{p}=15/100=0.15$，$z_{=0.005}=2.575$ だから，$0.15-2.575\sqrt{0.15 \times 0.85/100} \leq p \leq 0.15+2.575\sqrt{0.15 \times 0.85/100}$ より，信頼区間は $0.06 \leq p \leq 0.24$．また，アルバイトのみで生計を立てている人の割合の検定では，平均値が 0.1 より大きいかどうか調べたいので，$H_0: p=0.1$ に対して片側対立仮説 $H_1: p>0.1$ を検定する．帰無仮説の下では $Z_0=(\hat{p}-0.1)/\sqrt{0.1 \times 0.9/100} \simeq N(0, 1)$ なので，棄却域は $Z_0 \geq 1.645$ となる．左辺の実現値は 1.667 であるから，帰無仮説は棄却される．

⑩　$\hat{p}=120/200=0.6$，$z_{0.025}=1.96$ だから，$0.6-1.96\sqrt{0.6 \times 0.4/200} \leq p \leq 0.6+1.96\sqrt{0.6 \times 0.4/200}$ より，信頼区間は $0.53 \leq p \leq 0.67$．また，午前中に掃除を行う人の割合の検定では，平均値が 0.5 より大きいかどうか調べたいので，$H_0: p=0.5$ に対して片側対立仮説 $H_1: p>0.5$ を検定する．帰無仮説の下では $Z_0=(\hat{p}-0.5)/\sqrt{0.5 \times 0.5/200} \simeq N(0, 1)$ なので，棄却域は $Z_0 \geq 1.645$ となる．左辺の実現値は 2.828 であるから，帰無仮説は棄却される．

⑪ $\hat{p}=350/1000=0.35$,$z_{0.05}=1.645$ だから,$0.35-1.645\sqrt{0.35\times0.65/1000}\leq p\leq 0.35+1.645\sqrt{0.35\times0.65/1000}$ より,信頼区間は $0.33\leq p\leq 0.37$.また,パソコンを購入した人の割合の検定では,平均値が 0.4 より小さいかどうか調べたいので,$H_0: p=0.4$ に対して片側対立仮説 $H_1: p<0.4$ を検定する.帰無仮説の下では $Z_0=(\hat{p}-0.4)/\sqrt{0.4\times0.6/1000}\simeq N(0, 1)$ なので,棄却域は $Z_0\leq-2.325$ となる.左辺の実現値は -3.227 であるから,帰無仮説は棄却される.

⑫ 棄却域は,$|\overline{X}_1-\overline{X}_2|/\sqrt{1/8+1.5/10}\geq 1.96$ となる.今,$\overline{X}_1=0.25$,$\overline{X}_2=-0.5$ であり,左辺の実現値は 1.430 となるので,帰無仮説は受容される.

⑬ 棄却域は,$|\overline{X}_1-\overline{X}_2|/\sqrt{0.05/6+0.08/10}\geq 1.645$ となる.今,$\overline{X}_1=14.183$,$\overline{X}_2=13.49$ であり,左辺の実現値は 5.422 となるので,帰無仮説は棄却される.

⑭ この場合は片側対立仮説となるので,$H_0: p_1-p_2=0$ に対して,$H_1: p_1-p_2<0$ を検定する.棄却域は,$(\hat{p}_1-\hat{p}_2)/\sqrt{\hat{p}_1(1-\hat{p}_1)/1000+\hat{p}_2(1-\hat{p}_2)/700}\leq-1.645$ である.左辺を $\hat{p}_1=51/1000=0.051$,$\hat{p}_2=42/700=0.06$ で評価すると -0.792 となるので,帰無仮説は受容される.

⑮ この場合は片側対立仮説となるので,$H_0: p_1-p_2=0$ に対して,$H_1: p_1-p_2<0$ を検定する.棄却域は,$(\hat{p}_1-\hat{p}_2)/\sqrt{\hat{p}_1(1-\hat{p}_1)/500+\hat{p}_2(1-\hat{p}_2)/800}\leq-1.28$ である.左辺を $\hat{p}_1=12/500=0.024$,$\hat{p}_2=32/800=0.04$ で評価すると -1.643 となるので,帰無仮説は棄却される.

⑯ (1) 回帰係数は $\hat{\alpha}=-7.885$,$\hat{\beta}=0.654$,決定係数は 0.794.
(2) 限界性向 $=0.654$,平均性向 $=0.247$,弾力性 $=2.643$.
(3) α に関する検定の棄却域は $|T_\alpha|\geq t_{0.025,3}=3.182$.今,$|T_\alpha|=2.110$ なので,帰無仮説を受容.β に関する検定の棄却域は $|T_\beta|\geq t_{0.025,3}=3.182$.$|T_\beta|=0.8$ なので,帰無仮説を受容.

⑰ (1) 回帰係数は $\hat{\alpha}=-20.625$,$\hat{\beta}=1.438$,決定係数は 0.972.
(2) 限界性向 $=1.438$,平均性向 $=0.5$,弾力性 $=2.875$.
(3) α に関する検定の棄却域は $|T_\alpha|\geq t_{0.005,3}=5.841$.今,$|T_\alpha|=6.686$ なので,帰無仮説を棄却.β に関する検定の棄却域は $|T_\beta|\geq t_{0.005,3}=5.841$.$|T_\beta|=10.286$ なので,帰無仮説を棄却.

⑱ (1) 回帰係数は $\hat{\alpha}=-0.893$,$\hat{\beta}=0.548$,決定係数は 0.900.
(2) 限界性向 $=0.548$,平均性向 $=0.481$,弾力性 $=1.137$.
(3) α に関する検定の棄却域は $|T_\alpha|\geq t_{0.025,6}=2.447$.今,$|T_\alpha|=0.873$ なので,帰無仮説を受容.β に関する検定の棄却域は $|T_\beta|\geq t_{0.025,6}=2.447$.$|T_\beta|=7.335$ なので,帰無仮説を棄却.

数表1 標準正規分布

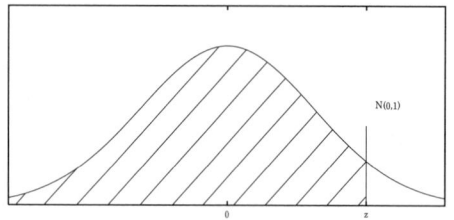

$$P(Z \leq z) = \int_{-\infty}^{z} \frac{1}{\sqrt{2\pi}} e^{-\frac{x^2}{2}} dx$$

z	0.00	0.01	0.02	0.03	0.04	0.05	0.06	0.07	0.08	0.09
0.0	0.5000	0.5040	0.5080	0.5120	0.5160	0.5199	0.5239	0.5279	0.5319	0.5359
0.1	0.5398	0.5438	0.5478	0.5517	0.5557	0.5596	0.5636	0.5675	0.5714	0.5753
0.2	0.5793	0.5832	0.5871	0.5910	0.5948	0.5987	0.6026	0.6064	0.6103	0.6141
0.3	0.6179	0.6217	0.6255	0.6293	0.6331	0.6368	0.6406	0.6443	0.6480	0.6517
0.4	0.6554	0.6591	0.6628	0.6664	0.6700	0.6736	0.6772	0.6808	0.6844	0.6879
0.5	0.6915	0.6950	0.6985	0.7019	0.7054	0.7088	0.7123	0.7157	0.7190	0.7224
0.6	0.7257	0.7291	0.7324	0.7357	0.7389	0.7422	0.7454	0.7486	0.7517	0.7549
0.7	0.7580	0.7611	0.7642	0.7673	0.7704	0.7734	0.7764	0.7794	0.7823	0.7852
0.8	0.7881	0.7910	0.7939	0.7967	0.7995	0.8023	0.8051	0.8078	0.8106	0.8133
0.9	0.8159	0.8186	0.8212	0.8238	0.8264	0.8289	0.8315	0.8340	0.8365	0.8389
1.0	0.8413	0.8438	0.8461	0.8485	0.8508	0.8531	0.8554	0.8577	0.8599	0.8621
1.1	0.8643	0.8665	0.8686	0.8708	0.8729	0.8749	0.8770	0.8790	0.8810	0.8830
1.2	0.8849	0.8869	0.8888	0.8907	0.8925	0.8944	0.8962	0.8980	0.8997	0.9015
1.3	0.9032	0.9049	0.9066	0.9082	0.9099	0.9115	0.9131	0.9147	0.9162	0.9177
1.4	0.9192	0.9207	0.9222	0.9236	0.9251	0.9265	0.9279	0.9292	0.9306	0.9319
1.5	0.9332	0.9345	0.9357	0.9370	0.9382	0.9394	0.9406	0.9418	0.9429	0.9441
1.6	0.9452	0.9463	0.9474	0.9484	0.9495	0.9505	0.9515	0.9525	0.9535	0.9545
1.7	0.9554	0.9564	0.9573	0.9582	0.9591	0.9599	0.9608	0.9616	0.9625	0.9633
1.8	0.9641	0.9649	0.9656	0.9664	0.9671	0.9678	0.9686	0.9693	0.9699	0.9706
1.9	0.9713	0.9719	0.9726	0.9732	0.9738	0.9744	0.9750	0.9756	0.9761	0.9767
2.0	0.9772	0.9778	0.9783	0.9788	0.9793	0.9798	0.9803	0.9808	0.9812	0.9817
2.1	0.9821	0.9826	0.9830	0.9834	0.9838	0.9842	0.9846	0.9850	0.9854	0.9857
2.2	0.9861	0.9864	0.9868	0.9871	0.9875	0.9878	0.9881	0.9884	0.9887	0.9890
2.3	0.9893	0.9896	0.9898	0.9901	0.9904	0.9906	0.9909	0.9911	0.9913	0.9916
2.4	0.9918	0.9920	0.9922	0.9925	0.9927	0.9929	0.9931	0.9932	0.9934	0.9936
2.5	0.9938	0.9940	0.9941	0.9943	0.9945	0.9946	0.9948	0.9949	0.9951	0.9952
2.6	0.9953	0.9955	0.9956	0.9957	0.9959	0.9960	0.9961	0.9962	0.9963	0.9964
2.7	0.9965	0.9966	0.9967	0.9968	0.9969	0.9970	0.9971	0.9972	0.9973	0.9974
2.8	0.9974	0.9975	0.9976	0.9977	0.9977	0.9978	0.9979	0.9979	0.9980	0.9981
2.9	0.9981	0.9982	0.9982	0.9983	0.9984	0.9984	0.9985	0.9985	0.9986	0.9986

数表2 t 分布

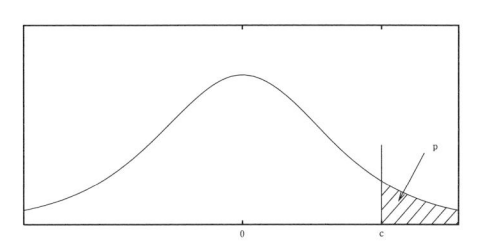

$P(t_m \geq c) = p$

自由度(m)	$p=0.250$	$p=0.100$	$p=0.050$	$p=0.025$	$p=0.010$	$p=0.005$
1	1.000	3.078	6.314	12.706	31.821	63.656
2	0.816	1.886	2.920	4.303	6.965	9.925
3	0.765	1.638	2.353	3.182	4.541	5.841
4	0.741	1.533	2.132	2.776	3.747	4.604
5	0.727	1.476	2.015	2.571	3.365	4.032
6	0.718	1.440	1.943	2.447	3.143	3.707
7	0.711	1.415	1.895	2.365	2.998	3.499
8	0.706	1.397	1.860	2.306	2.896	3.355
9	0.703	1.383	1.833	2.262	2.821	3.250
10	0.700	1.372	1.812	2.228	2.764	3.169
11	0.697	1.363	1.796	2.201	2.718	3.106
12	0.695	1.356	1.782	2.179	2.681	3.055
13	0.694	1.350	1.771	2.160	2.650	3.012
14	0.692	1.345	1.761	2.145	2.624	2.977
15	0.691	1.341	1.753	2.131	2.602	2.947
16	0.690	1.337	1.746	2.120	2.583	2.921
17	0.689	1.333	1.740	2.110	2.567	2.898
18	0.688	1.330	1.734	2.101	2.552	2.878
19	0.688	1.328	1.729	2.093	2.539	2.861
20	0.687	1.325	1.725	2.086	2.528	2.845
21	0.686	1.323	1.721	2.080	2.518	2.831
22	0.686	1.321	1.717	2.074	2.508	2.819
23	0.685	1.319	1.714	2.069	2.500	2.807
24	0.685	1.318	1.711	2.064	2.492	2.797
25	0.684	1.316	1.708	2.060	2.485	2.787
26	0.684	1.315	1.706	2.056	2.479	2.779
27	0.684	1.314	1.703	2.052	2.473	2.771
28	0.683	1.313	1.701	2.048	2.467	2.763
29	0.683	1.311	1.699	2.045	2.462	2.756
30	0.683	1.310	1.697	2.042	2.457	2.750
35	0.682	1.306	1.690	2.030	2.438	2.724
40	0.681	1.303	1.684	2.021	2.423	2.704
45	0.680	1.301	1.679	2.014	2.412	2.690
50	0.679	1.299	1.676	2.009	2.403	2.678
100	0.677	1.290	1.660	1.984	2.364	2.626

数表3 χ^2 分布

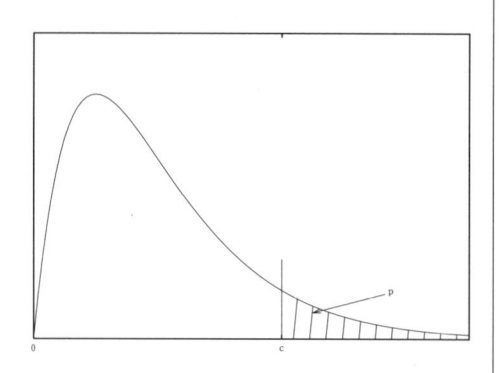

$P(\chi^2_m \geq c) = p$

自由度(m)	$p=0.995$	$p=0.99$	$p=0.975$	$p=0.95$	$p=0.9$	$p=0.1$	$p=0.05$	$p=0.025$	$p=0.01$	$p=0.005$
1	0.0^4393	0.0^3157	0.0^3982	0.0^2393	0.0158	2.706	3.841	5.024	6.635	7.879
2	0.0100	0.0201	0.0506	0.103	0.211	4.605	5.991	7.378	9.210	10.60
3	0.0717	0.115	0.216	0.352	0.584	6.251	7.815	9.348	11.34	12.84
4	0.207	0.297	0.484	0.711	1.064	7.779	9.488	11.14	13.28	14.86
5	0.412	0.554	0.831	1.145	1.610	9.236	11.07	12.83	15.09	16.75
6	0.676	0.872	1.237	1.635	2.204	10.64	12.59	14.45	16.81	18.55
7	0.989	1.239	1.690	2.167	2.833	12.02	14.07	16.01	18.48	20.28
8	1.344	1.647	2.180	2.733	3.490	13.36	15.51	17.53	20.09	21.95
9	1.735	2.088	2.700	3.325	4.168	14.68	16.92	19.02	21.67	23.59
10	2.156	2.558	3.247	3.940	4.865	15.99	18.31	20.48	23.21	25.19
11	2.603	3.053	3.816	4.575	5.578	17.28	19.68	21.92	24.73	26.76
12	3.074	3.571	4.404	5.226	6.304	18.55	21.03	23.34	26.22	28.30
13	3.565	4.107	5.009	5.892	7.041	19.81	22.36	24.74	27.69	29.82
14	4.075	4.660	5.629	6.571	7.790	21.06	23.68	26.12	29.14	31.32
15	4.601	5.229	6.262	7.261	8.547	22.31	25.00	27.49	30.58	32.80
16	5.142	5.812	6.908	7.962	9.312	23.54	26.30	28.85	32.00	34.27
17	5.697	6.408	7.564	8.672	10.09	24.77	27.59	30.19	33.41	35.72
18	6.265	7.015	8.231	9.390	10.86	25.99	28.87	31.53	34.81	37.16
19	6.844	7.633	8.907	10.12	11.65	27.20	30.14	32.85	36.19	38.58
20	7.434	8.260	9.591	10.85	12.44	28.41	31.41	34.17	37.57	40.00
21	8.034	8.897	10.28	11.59	13.24	29.62	32.67	35.48	38.93	41.40
22	8.643	9.542	10.98	12.34	14.04	30.81	33.92	36.78	40.29	42.80
23	9.260	10.20	11.69	13.09	14.85	32.01	35.17	38.08	41.64	44.18
24	9.886	10.86	12.40	13.85	15.66	33.20	36.42	39.36	42.98	45.56
25	10.52	11.52	13.12	14.61	16.47	34.38	37.65	40.65	44.31	46.93
26	11.16	12.20	13.84	15.38	17.29	35.56	38.89	41.92	45.64	48.29
27	11.81	12.88	14.57	16.15	18.11	36.74	40.11	43.19	46.96	49.65
28	12.46	13.56	15.31	16.93	18.94	37.92	41.34	44.46	48.28	50.99
29	13.12	14.26	16.05	17.71	19.77	39.09	42.56	45.72	49.59	52.34
30	13.79	14.95	16.79	18.49	20.60	40.26	43.77	46.98	50.89	53.67
35	17.19	18.51	20.57	22.47	24.80	46.06	49.80	53.20	57.34	60.27
40	20.71	22.16	24.43	26.51	29.05	51.81	55.76	59.34	63.69	66.77
45	24.31	25.90	28.37	30.61	33.35	57.51	61.66	65.41	69.96	73.17
50	27.99	29.71	32.36	34.76	37.69	63.17	67.50	71.42	76.15	79.49
60	35.53	37.48	40.48	43.19	46.46	74.40	79.08	83.30	88.38	91.95

索　引

数字・欧文・記号

12期移動平均　6
25％点　13
2項分布　69
45度線　31
25％点　13
R^2　47

あ行

R^2　47
異常値　5
移動平均　5
ウエイト　5
オープンエンド階級　17

か行

回帰係数　47
回帰直線　47
階級　17
階級値　17
階級の幅　18
確率　55
確率関数　65
確率変数　65
確率密度関数　65
加重平均　5
仮説検定　101
片側対立仮説　102
刈り込み平均　5
完全平等線　31
幾何平均　5
棄却域　102
基準年　6
帰無仮説　101
区間推定　89
組み合わせ　55

決定係数　47
限界性向　50
検定統計量　101
50％点　13

さ行

最小2乗法　47, 137
採択　101
最頻値　1
散布図　37
ジニ係数　31
四半期移動平均　5
四分位範囲　13
自由度　89, 137
12期移動平均　6
受容　101
受容域　102
順列　55
条件つき確率　59
乗法定理　59
信頼区間　89
信頼係数　89
スタージェスの公式　18
正規近似　83
正規分布　73
正規母集団　77
成功率　93
成功率の検定　121
成功率の差の検定　127
正の相関　40
総所得　31
相対度数　17

た行

第1四分位点　13
第1種の過誤　101
第2四分位点　13

第3四分位点　13
対立仮説　101
弾性値　50
弾力性　50
チェビシェフの不等式　14
中位数　1, 13
中心極限定理　83
中点　17
直線関係　42
直線的な関係　47
貯蓄不平等度　31
導関数　65
度数　17
度数分布表　17

な行

並べ方　55
2項分布　69
25％点　13

は行

パーシェ指数　6
範囲　13
比較年　6
ヒストグラム　25
非正規母集団　83
比の分布　77
標準化　73
標準誤差　137
標準正規分布　73
標本共分散　37
標本相関係数　37
標本標準偏差　13
標本分散　13
標本分散の分布　77
標本平均値　1
標本平均値の分布　77

物価指数　6
負の相関　41
不平等度　31
分散の検定　131
分布関数　65
平均性向　50
平均値の検定　109
平均値の差の検定　115
ベルヌーイ分布　69
ポアソン分布　69
棒グラフ　25

ま行

密度関数　65
無作為標本　77
無相関　42
メジアン　1
モード　1

や行

有意水準　101
余事象　61
45度線　31

ら行

ラスパイレス指数　6
離散確率変数　65
両側対立仮説　102, 139
累積確率分布関数　65
累積所得　31
累積相対所得　31
累積相対度数　17
累積度数　17
累積分布関数　65
レンジ　13
連続確率変数　65
ローレンツ曲線　31

監修者・著者紹介

監修者

藤田 岳彦(ふじた たかひこ)　理学博士
　1978年　京都大学理学部卒業
　1980年　京都大学大学院理学研究科修士課程修了
　現　在　中央大学理工学部教授

著　者

黒住 英司(くろずみ えいじ)　経済学博士
　1992年　一橋大学経済学部卒業
　2000年　一橋大学大学院経済学研究科博士後期課程修了
　現　在　一橋大学大学院経済学研究科教授

NDC417　174p　26cm

穴埋め式　統計数理　らくらくワークブック
（あなうめしき　とうけいすうり）

2003年　9月30日　第1刷発行
2022年　2月9日　第10刷発行

監修者	藤田　岳彦
著　者	黒住　英司
発行者	髙橋　明男
発行所	株式会社　講談社　　　　　　　　KODANSHA 〒112-8001　東京都文京区音羽 2-12-21 　　　　　　販売 (03)5395-4415 　　　　　　業務 (03)5395-3615
編　集	株式会社　講談社サイエンティフィク 代表　堀越俊一 〒162-0825　東京都新宿区神楽坂 2-14　ノービィビル 　　　　　　編集 (03)3235-3701
印刷所	株式会社広済堂ネクスト
製本所	株式会社国宝社

落丁本・乱丁本は，購入書店名を明記のうえ，講談社業務宛にお送りください．送料小社負担にてお取り替えします．
なお，この本の内容についてのお問い合わせは講談社サイエンティフィク宛にお願いいたします．
定価はカバーに表示してあります．

© T. Fujita and E. Kurozumi, 2003

本書のコピー，スキャン，デジタル化等の無断複製は著作権法上での例外を除き禁じられています．本書を代行業者等の第三者に依頼してスキャンやデジタル化することはたとえ個人や家庭内の利用でも著作権法違反です．

JCOPY　〈(社)出版者著作権管理機構委託出版物〉
複写される場合は，その都度事前に(社)出版者著作権管理機構（電話03-5244-5088, FAX 03-5244-5089, e-mail:info@jcopy.or.jp) の許諾を得てください．

Printed in Japan

ISBN4-06-153995-7

講談社の自然科学書

穴埋め式 らくらくワークブックシリーズ

穴埋め式 微分積分 らくらくワークブック
藤田 岳彦／石村 直之・著
B5・174頁・本体2,090円

穴埋め式 線形代数 らくらくワークブック
藤田 岳彦／石井 昌宏・著
B5・174頁・本体2,090円

穴埋め式 確率・統計 らくらくワークブック
藤田 岳彦／高岡 浩一郎・著
B5・174頁・本体2,090円

穴埋め式 統計数理 らくらくワークブック
藤田 岳彦・監修　黒住 英司・著
B5・174頁・本体2,090円

実践のための基礎統計学
下川 敏雄・著
A5・239頁・本体2,860円

知識ゼロからはじめるデータサイエンス。豊富な図や演習で、理解が深まり、個々の問題に適用するための基礎を身につけることができる。統計検定2級、3級受験者にも好適。実践志向のやさしい統計本。

予測にいかす統計モデリングの基本
ベイズ統計入門から応用まで
樋口 知之・著　A5・156頁・本体3,080円

ベイズの基礎から自力でのモデル構築まで。データの見方や考え方から述べられた本当にほしかった入門書。マニュアル本や事例集では自分の仕事にいかせなかった人必読。動的モデルで実際に予測をしてみよう。

単位が取れる マクロ経済学ノート
石川 秀樹・著　A5・142頁・本体2,090円

単位が心配…という学生さんをお助けします。公務員試験対策本「経済学入門塾」で有名な人気講師・石川秀樹先生がマクロ経済学をマスターする秘訣を伝授。満足度300%の最高・最強の入門書登場！

単位が取れる ミクロ経済学ノート
石川 秀樹・著　A5・150頁・本体2,090円

単位がやばい…という学生必携の1冊!!　「経済学入門塾」で有名な人気講師・石川秀樹先生がやさしく丁寧に解説。試験のポイントもがっつり伝授。日常の数字で解説するから、数字が苦手でも安心！

入門 共分散構造分析の実際
朝野 熙彦／鈴木 督久／小島 隆矢・著
A5・174頁・本体3,080円

理論より使い方で学ぶ注目の多変量解析手法。先輩ユーザーとして入門者の必要を理解している著者らによる実践入門書。コンピュータのアウトプットの意味がわかる賢いユーザーを目指そう！数学が苦手でも大丈夫。

はじめての統計15講
小寺 平治・著　A5・134頁・本体2,200円

高1レベルの数学知識を前提として、Σを使わないなど、レベルに配慮し、内容を15節にわけ、授業で使いやすいよう工夫した。最新の統計データを用いながら具体的に学ぶ、初級者向け教科書。

ライブ講義 大学1年生のための数学入門
奈佐原 顕郎・著
B5・252頁・本体3,190円

すらすら読めて、身によくつく。臨場感あふれる、「語りかける入門書」！ 名講義を書籍化。圧倒的ライブ感！ 中学レベルから出発し、微分積分、線形代数、確率統計までを1冊で網羅。物理学・化学・生物学・農学など現実的な応用例を通して、学習者のモチベーションを高める！

実践Data Scienceシリーズ
RとStanではじめる ベイズ統計モデリングによるデータ分析入門
馬場 真哉・著
B5変・352頁・本体3,300円

「統計モデリングの世界」へのファーストブック。ゼロから学べる超入門！
・チュートリアル形式だから、すぐに実践できる！
・統計、確率、ベイズ推論、MCMCの基本事項から、やさしくサポート！
・brmsやbayesplotなどのパッケージの使い方も、しっかり身につく！
・一般化線形モデル（GLM）→一般化線形混合モデル（GLMM）→動的線形モデル（DLM）→動的一般化線形モデル（DGLM）を体系的に学べる！

※表示価格には消費税(10%)が加算されています。　「2022年1月現在」

講談社サイエンティフィク　https://www.kspub.co.jp/